戒不掉的苹果烘焙甜点

（日）齐藤真纪——著　　侯天依——译

りんごのお菓子

化学工业出版社
·北京·

CONTENTS

Column

专栏 1

制作苹果甜点的基本事项

Part 1

简易苹果甜点

6 烤苹果
8 焦糖苹果
9 苹果杯蛋糕
11 苹果蛋挞
12 苹果酱汁薄饼
13 烤苹果薄饼
14 苹果烤酥饼碎
16 法式苹果吐司
17 苹果面包布丁
18 苹果贝奈特饼
19 枫树糖浆腌苹果

* 材料表中所标记的分量是一小勺 =5ml，一大勺 = 15ml
* 在未特别说明的情况下，砂糖指的是绵白糖
* 烤箱烤的时间是大致时间。因烤箱不同时间多少会有差异，请根据实际情况酌情增减时间。

Column

专栏 2

可以长期储存的苹果甜点
20 简易苹果酱
21 苹果牛奶果酱
苹果生姜果酱
苹果姜汁汽水
22 苹果罐头
苹果酸奶饮料

Part 2

烤制苹果甜点

24 苹果肉桂蛋糕
26 苹果红茶松糕
27 苹果芝士松糕
28 苹果红薯蛋糕
30 苹果磅蛋糕
31 苹果香蕉磅蛋糕
32 苹果戚风蛋糕
34 苹果珍贝酥糕
35 苹果曲奇

36 苹果蛋奶酥
39 黄金苹果面包棒
40 苹果烤芝士蛋糕
42 果料派
44 苹果卷筒蛋糕
46 苹果派
47 开放式苹果派
50 卡士达酱苹果蛋糕
52 苹果巧克力蛋糕
54 苹果馅饼
56 焦糖苹果蛋糕
58 苹果肉桂卷
60 苹果甜馅饼

Part 3

苹果冷甜点

62 苹果生奶酪蛋糕
64 蜂蜜苹果果冻
65 苹果慕斯
66 苹果焦糖布丁
68 苹果提拉米苏
70 苹果酸奶布丁
71 苹果奶茶布丁
72 苹果果子露
73 苹果冰激凌
74 苹果糯米汤圆
75 苹果杏仁粥

Column

专栏 3

苹果零食

76 苹果蒸蛋糕
77 糖苹果
78 苹果片
苹果风比萨
79 苹果软糖
苹果条春卷

专栏1
制作苹果甜点的基本事项

本章介绍了适合做苹果甜点的苹果品种以及制作要点。请大家一定将此作为参考哦。

1 适合做甜点的苹果

任何苹果都适合做甜点吗？
下面向大家介绍挑选苹果的3个要点。

酸甜适中

不太甜、有适当酸味的苹果适合用来做苹果甜点。砂糖和蜂蜜的甜味，甜点原料中的甜味，苹果的酸味和甜味混合在一起，甜点会变得更美味。

不易煮碎

为了保持苹果原有的口味，不易煮碎的苹果比较适合。推荐使用果肉不含过多水分的苹果。

苹果皮不易掉色

苹果皮的颜色也很重要。苹果种类不同，甜点的颜色也不同，连皮一起煮的果酱或罐头的颜色也受苹果皮影响。

★现在有“气调储藏”这种空气调节技术，全年新鲜的苹果都随处可见。不管什么季节都可以买到苹果，所以全年都能享受做苹果甜点的乐趣哦。

★家庭储藏苹果时，可将苹果装进塑料袋中密封（长期保存时用报纸将苹果包好再放进塑料袋），放入冰箱。注意：保持环境低温潮湿，苹果即可长期保存。

2 用于制作罐头和果酱

将苹果制成罐头（P22）和果酱等不仅可以直接食用，稍作加工还可以制成果子露（P72）、苹果芝士松糕（P27）、曲奇（P35）等各种各样的苹果甜点。

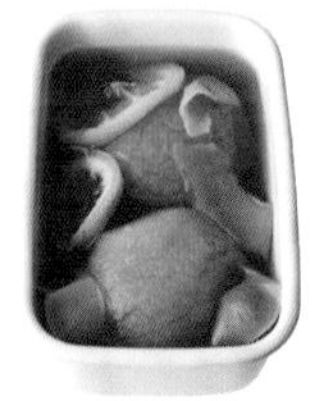

3 制成苹果酒更加美味

苹果甜点与苹果酒非常搭配。本书的生奶酪蛋糕（P62）、慕斯（P65）、奶茶布丁（P71）中使用的“苹果白兰地”是由苹果果汁发酵、蒸馏熟化成的白兰地，可使苹果甜点更加香浓美味。

Part 1

简易苹果甜点

本部分介绍烤苹果、焦糖苹果等直接能够体现苹果美味的简易甜点。请一定尝试一下薄烤饼和法式吐司这些人气零食哦，这些都是第一次做也可以完美完成的简易甜点。

recipe-1

烤苹果

将整个苹果烘烤而成的简易甜品。
可以尽情享受苹果些许的酸味和烤后增强的甜味。
本道食谱将红苹果和青苹果分别做成肉桂和肉豆蔻风味。

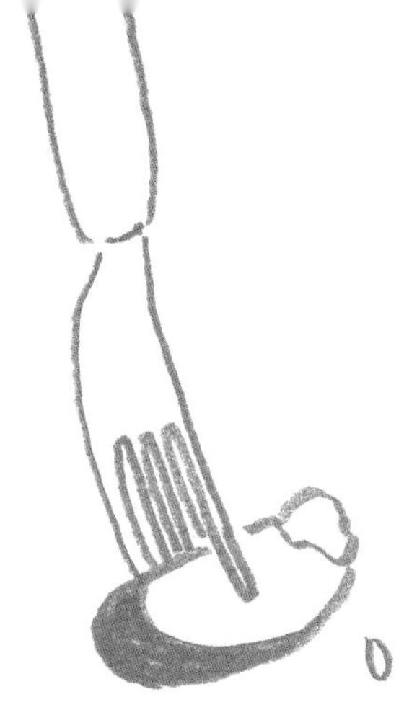

在热腾腾的烤苹果上
加上香草冰激凌，与苹果
搭配超级赞！

材 料（各2份）

红苹果　2个

Ⓐ
- 无盐黄油　40g
- 砂糖　40g
- 肉桂粉　1/2小勺

青苹果　2个

Ⓑ
- 无盐黄油　40g
- 肉豆蔻　1/2小勺
- 砂糖　40g

准 备

* 将Ⓐ、Ⓑ中的无盐黄油室温下放至变软。
* 将烤箱预热至180℃。

1

用果实取芯器将苹果核去除，再用旋果器将开孔挖圆。

★ 如果没有取芯器和旋果器也可用刀子挖孔后用勺子挖圆。

2

将Ⓐ和Ⓑ分别放入碗中搅拌。将Ⓐ填入红苹果，将Ⓑ填入青苹果。

3

将苹果摆好放到180℃的烤箱中烤40～50分钟。

recipe-2

焦糖苹果

苹果的酸甜与太妃糖的微苦非常搭配。
加入黄油使风味更佳，保存几天也不易变硬。

材 料（易于制作的量）

苹果 2个
细砂糖 2大勺
无盐黄油 1大勺

1. 将苹果纵向切成八块，去皮去核，再将每块3等分。
2. 将无盐黄油和细砂糖放入平底锅，开中火。
3. 细砂糖融化变成焦糖色后加入苹果块。适当搅拌，开文火至苹果块稍微变软。
   ★ 也可加入冰激凌、玉米片、杏仁食用。

保存方法

冷却后装入密闭容器，放入冰箱。可保存2～3天。

point

细砂糖全部融化变为焦糖色时加入苹果。

适当摇晃平底锅使焦糖裹在苹果上。苹果变软后关火。

recipe-3

苹果杯蛋糕

用鲜红的苹果做成杯子，非常可爱。
苹果和酸奶组合在一起，口感清爽。

材 料（4个份）

苹果　4个
原味酸奶　200g
色拉油　50ml
柠檬汁　1/2个柠檬
低筋面粉　120g

准 备

* 低筋面粉过筛，铺上烤箱纸，将烤箱预热至180℃。

1. 切下苹果的上1/4部分，除去果核并将果肉用勺子挖出，将苹果制成杯子状。取120g挖出的果肉大致切碎。
2. 将原味酸奶、色拉油、柠檬汁放入碗中，用搅拌器搅拌。依次加入低筋面粉和苹果果肉，搅匀。
3. 将步骤2制好的混合物填入苹果杯子中，与切下的1/4苹果一起放到预热至180℃的烤箱中，烤大约30分钟。

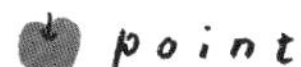

point

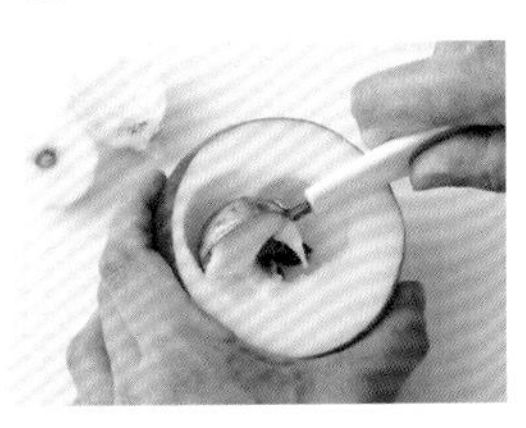

挖果肉时注意不要弄破果皮。

将混合的果肉和酸奶填满苹果杯子，放入烤箱。

recipe-4

苹果蛋挞

由香喷喷的焦糖苹果和香草豆制成的甜点。
吃起来像布丁一样，不管是刚出炉还是冷却后都相当美味。

材料

（8cm×12cm×3.5cm的耐热容器2个）

焦糖苹果
- 苹果　1个
- 无盐黄油　1/2大勺
- 细砂糖　1大勺

鸡蛋　2个
砂糖　100g
牛奶　200ml
香草豆荚　1/4根
糖粉　适量

准备

* 根据P8的要领制作焦糖苹果，放至冷却；将烤箱加热至180℃。
* 将香草豆荚纵向剖开（照片ⓐ），用刀背将香草豆刮出（照片ⓑ）。

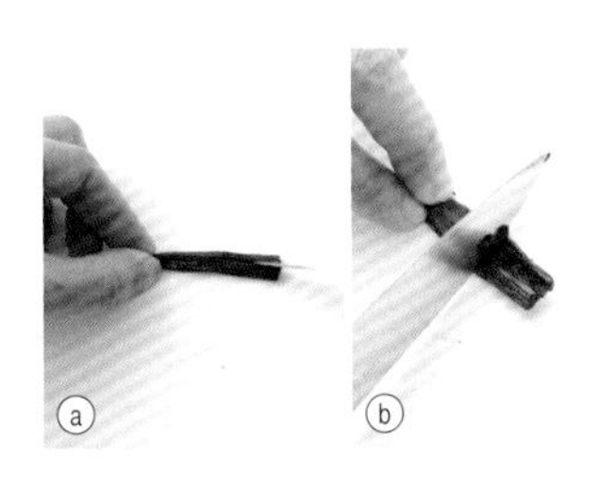

1

将鸡蛋搅匀，加入砂糖后用搅拌器搅匀。

2

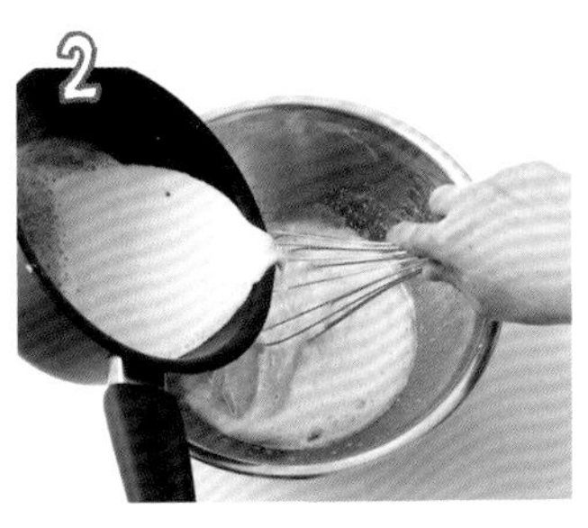

锅中加入牛奶和香草豆，开火；即将沸腾前，一点点地加到步骤1中搅匀。

3

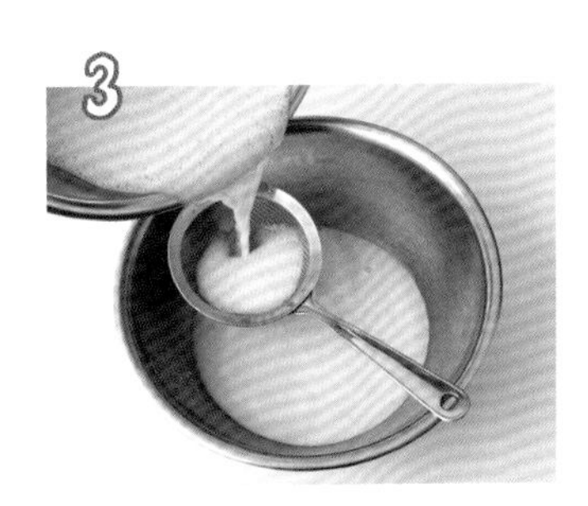

用滤茶器过滤。

4

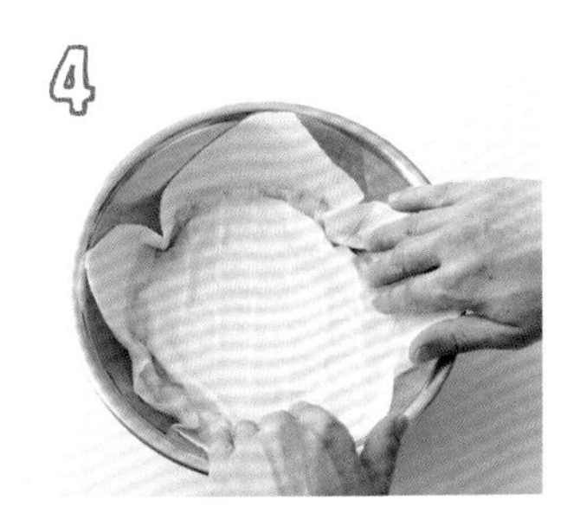

将纸巾放在步骤3的表面去除液体。

5

将焦糖苹果等分放入耐热容器，将步骤4等分加入，放到180℃烤箱中烤15～17分钟。

6

食用前用滤茶器撒上糖粉。

recipe 5

苹果酱汁薄饼

平时多用橙子制作薄饼，这次我们尝试用苹果来制作，
将新鲜的苹果酱汁涂在薄饼上享用。

材 料（10张量）

薄饼
- 鸡蛋 2个
- 砂糖 1大勺
- 低筋面粉 80g
- 无盐黄油 30g
- 牛奶 240ml

酱汁
- 苹果碎（果肉） 300g
- 苹果汁（果汁100%） 260ml
- 无盐黄油 100g
- 细砂糖 100g

- 白兰地 2大勺
- 色拉油 适量

准 备

* 将30g无盐黄油蒸化（P53），苹果去皮去核捣碎，准备足够的量。
* 低筋面粉过筛。

1. 制作薄饼。将鸡蛋打碎放入碗中用打蛋器搅匀，再加入砂糖搅匀。依次加入过筛后的低筋面粉和融化的无盐黄油30g，充分搅拌。将牛奶一点点加入搅拌，在冰箱中静置30分钟以上。
2. 将平底锅开小火加热，涂上一层薄薄的色拉油，将步骤1倒入，晃动平底锅使其铺满锅底，边缘变硬后翻面。稍加烤制取出放入笼屉中。以同样的方法再制作3张薄饼。
3. 制作酱汁。取无盐黄油100g和细砂糖分两次放入另一平底锅中，开中火，无盐黄油融化后取备好的苹果碎和苹果汁分两次加入搅拌。
4. 将步骤2中的4张薄饼每张都切成5小块，将5小块放入锅中蘸满酱汁。取适量白兰地加入煮沸后关火。剩下的也以同样的方法制作。

point

制作酱汁时使用双倍的苹果碎和苹果汁，会使苹果风味更加浓郁。

最后加入白兰地可使香味加倍。

recipe-6

烤苹果薄饼

在外酥里嫩的薄烤饼中加入松脆的苹果，
口感既松软又酥脆，不要忘记搭配香醇的牛奶果酱哦！

材 料（12张量）

苹果碎（果肉） 100g
A 低筋面粉 200g
A 发酵粉 1小勺
砂糖 30g
牛奶 180ml
蛋黄 2个
蛋泡糊 蛋清 2个
蛋泡糊 砂糖 30g
苹果牛奶果酱 （P21） 适量

准 备

* 苹果去核，切丝，取相应分量。蛋清放冰箱内冷藏，待使用时取出。
* A混合过筛。

1. 将过筛后的A、砂糖加入碗中用搅拌器搅拌，将牛奶慢慢加入充分搅拌。将蛋黄、苹果碎也加入搅拌。
2. 制作蛋泡糊，将1/3的蛋泡糊加到步骤1中搅拌。再将剩余的蛋泡糊也加入，继续混合搅拌。
3. 用小火加热平底锅，用长柄圆勺将步骤2呈圆饼状倒入锅中。表面起泡后翻面，20～30秒后取出。剩下的也以同样方法制作。完成后盛入餐具中，加上苹果牛奶果酱。

蛋泡糊的制作方法

将蛋清放到碗中，用打蛋器打至变白后加入砂糖（照片ⓐ），继续用打蛋器打至硬性发泡，蛋泡糊就做好啦（照片ⓑ）。

★如果加入的砂糖的量是蛋白重量的1/2以上，就将砂糖分数次加入搅拌（一个大个鸡蛋蛋清的重量大约是40g）。

recipe-7

苹果烤酥饼碎

酥饼碎是用低筋面粉、发酵粉、砂糖、黄油等制作的肉松状的曲奇原料。将它加在苹果上烤制出的苹果烤酥饼碎是英国的经典甜品哦。

材料

（一个20cm×13cm×4cm的耐热容器的分量）

焦糖苹果
- 苹果 2个
- 细砂糖 2大勺
- 无盐黄油 1大勺

酥饼碎
- Ⓐ 低筋面粉 40g
- Ⓐ 发酵粉 40g
- 砂糖 40g
- 无盐黄油 40g

准备

* 根据P8的要领制作焦糖苹果，放至冷却。
* 将用于制作酥饼碎的无盐黄油切成1～2cm块状放入冰箱冷藏。
* 将Ⓐ混合后过筛，将烤箱预热至180℃。

1

将Ⓐ和砂糖放入碗中混合，加入无盐黄油。边将粉裹在黄油上边用刮铲将其切碎。

2

切至如照片所示的红小豆大小。

3

用两手搓碎。

4

搓至照片中的肉松状，酥饼碎就完成了。

5

将焦糖苹果放入耐热容器中，将步骤4撒在上面。放到烤箱中180℃烤15～20分钟。

recipe-8

法式苹果吐司

浸满苹果汁的蛋液，加入黄油能
烤出香喷喷的面包。
还要加入苹果罐头和美味奶油哟。

材 料（2人份）

鸡蛋 2个

Ⓐ
- 苹果汁（果汁100%） 100ml
- 蜂蜜 3大勺

面包片 （2cm厚） 6片

黄油 适量

- 苹果罐头（P22）果肉 100g
- 生奶油 100ml

薄荷 适量

1. 将鸡蛋放入碗中用搅拌器打发，加入Ⓐ搅拌。
2. 将面包摆放在方形底盘上，将步骤1通过滤茶器浇在面包上。放入冰箱冷藏1～2小时至面包将蛋液完全吸收。
3. 开小火将黄油放入平底锅中融化，将步骤2放入，每面各煎4～5分钟后盛入餐具里。
4. 将苹果罐头果肉放入碗中用搅拌器打滑。加入生奶油搅拌至八分融合，和薄荷一起添加到步骤3上。

point

将蛋液通过滤茶器浇在面包上，可营造丝滑口感。

recipe-9

苹果面包布丁

苹果和葡萄干组合在一起是王道，非常适合当早餐或早午餐来吃。洒上蛋液将表面泡沫等除去是营造丝滑口感的小秘密。

材料

（一个20cm×13cm×3cm的耐热容器的分量）

苹果　1/3个

Ⓐ
- 鸡蛋　1个
- 细砂糖　25g

Ⓑ
- 牛奶　120ml
- 生奶油　40ml
- 香草豆荚　1/4根

普通面包片　1片

葡萄干　1大勺

准备

＊按照P11所示将香草豆从香草豆荚中取出。

1. 将Ⓐ放入碗中，用搅拌器搅匀。
2. 将Ⓑ放入锅中加热，即将沸腾前慢慢加入步骤1中充分搅拌。用滤茶器过滤后倒入碗中，将表面的泡沫等用纸巾吸去，静置约30分钟。
3. 将苹果竖着切成两半，去核，再将苹果5～6等分。将普通面包片四等分切开，每小片再斜着切成两半。
4. 将面包块和苹果块放入耐热容器中，撒上葡萄干。将步骤2倒入，放入预热至180℃的烤箱，大约烤20分钟。

point

在面包上装饰上色彩美丽的苹果块和葡萄干，撒上奶油蛋液。

苹果贝奈特饼

贝奈特饼是像甜甜圈一样的油炸甜点。
将用红酒和肉桂粉煮软的苹果包裹在加有甜酒的面糊中，适合成人口味的甜点就完成啦！

材 料（易于制作的量）

红酒煮苹果
- 苹果　2个（果肉300g）
- Ⓐ 红酒　250ml
- Ⓐ 砂糖　50g
- Ⓐ 肉桂棒　1根

贝奈特饼糊
- 无盐黄油　15g
- 砂糖　20g
- 甜酒　10ml
- Ⓑ 低筋面粉　120g
- Ⓑ 盐　少量
- Ⓑ 发酵粉　1小勺
- 鸡蛋　1个

食用油　适量

准 备

* 无盐黄油室温放至变软。

1. 将苹果去皮去核，竖切成8块，每块再4等分切块备用。和Ⓐ一起放到锅中开大火，煮沸后转为小火煮20分钟后放至冷却。
2. 制作贝奈特饼糊。将无盐黄油和砂糖放入碗中，用橡皮刮刀搅碎拌匀。将甜酒分3次加入，将Ⓑ混合过筛后加入拌匀。
3. 将鸡蛋打碎搅拌好加入步骤2中搅匀，用手揉成一团，制成贝奈特饼糊。包上保鲜膜放入冰箱冷藏2小时以上。
4. 将步骤3取出放在撒有高筋粉（另外准备）的案板上，根据下一页的要领，擀成薄饼后切成正方形，包入苹果块。用160℃的食用油将其炸4～5分钟至黄褐色，捞出控油。

point

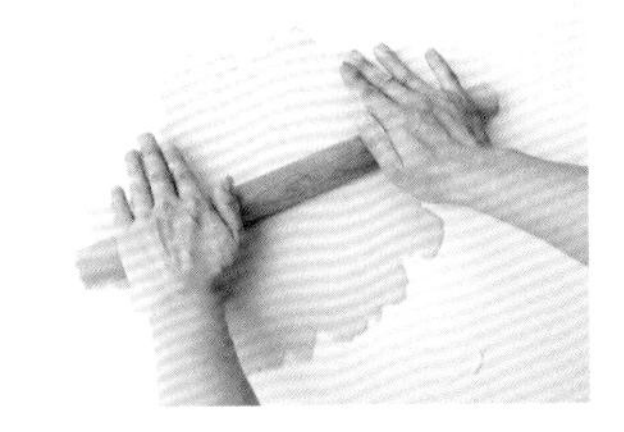

在案板上撒适量高筋粉，防止面团粘在案板上，将面团擀开，保持3cm厚度。

切成6cm×6cm的正方形面皮。

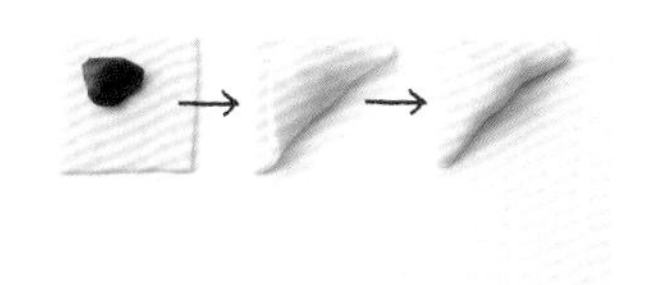

如图所示，将苹果放在面皮上，沿对角线折叠后将边缘捏紧。

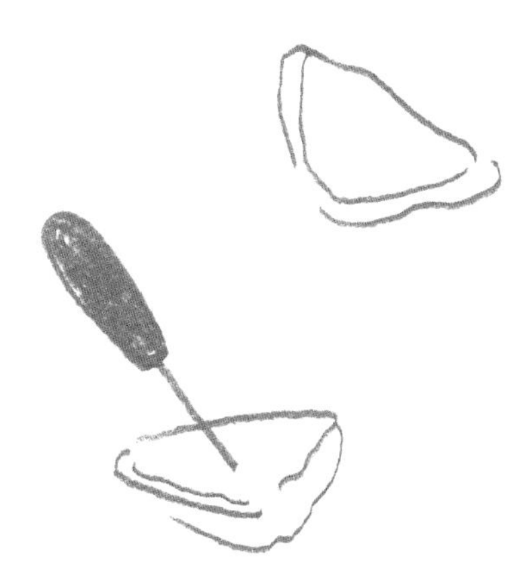

recipe-11

枫树糖浆腌苹果

将切好的苹果用薄荷和枫树糖浆腌制，
冷藏一晚后，苹果散发着爽口的香甜，变得更加美味。

材料（易于制作的量）

苹果　1个
薄荷　约20片
枫树糖浆　100ml

1. 将苹果去皮去核，竖切成8块，再切成5mm厚的苹果片。
2. 将步骤1、撕碎的薄荷放入密闭容器中，洒上枫树糖浆，在冰箱中冷藏一晚。

洒上卤汁和酸奶也是人间美味。

专栏2

可以长期储存的苹果甜点

简易苹果酱

注意要在开火之前把苹果和细砂糖、柠檬果汁混合哦。

材 料（易于制作的量）

苹果　3个（果肉600g）
细砂糖　300g
柠檬果汁　1/2个柠檬（30ml）

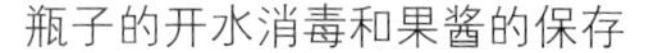

瓶子的开水消毒和果酱的保存

将保存果酱的瓶子和盖子用开水消毒后使用。如照片所示，将盖子和瓶子放入锅中，加水没过，开大火。沸腾后转为小火，煮10～15分钟。用夹子将其取出放在干净的毛巾或案板上擦拭，充分晾干。注意要趁热把果酱装到瓶子里。放在冰箱里可以保存2～3个月。

苹果竖着切成8块，去核，再切成厚5mm的片。

把步骤1和细砂糖、柠檬果汁一起加入混合，静置1～2小时。

像照片中一样，苹果片的水分析出后开大火。

煮沸后捞出泡沫。

变小火，用木勺适当搅拌，煮约20分钟蒸发水分。

趁热把果酱装入用开水消毒后的瓶子中。

本书向大家介绍了很多使用以下果酱的甜点。
如果时间充足的话就赶紧做起来吧！
超级赞的可长期储存的苹果甜点、果酱和罐头，
不管是直接吃还是搭配甜点都非常美味！

苹果牛奶果酱

使用新鲜苹果制作的牛奶果酱，
与苹果薄烤饼超级搭！

材 料（易于制作的量）

苹果 1～2个（果肉200g）
生奶油、牛奶 各200ml
细砂糖 80g

1. 苹果去皮去核，切成1cm见方的小块（照片ⓐ）。

2. 把步骤1和其他材料全部倒入锅中，开大火。煮沸后转为小火煮15～20分钟（照片ⓑ），装入瓶中。

苹果生姜果酱

在苹果酱中加入生姜，
做成微辣又有些刺激的果酱。

材 料（易于制作的量）

苹果 1～2个（果肉500g）
生姜 10g
细砂糖 250g
柠檬果汁 1/2个柠檬（30ml）

1. 苹果去皮去核，竖着切成8块，再3等分切块（照片ⓐ）。生姜切块。

2. 按照P20简易苹果酱制作方法的2～5步制作（照片ⓑ）。

苹果姜汁汽水

用苏打水稀释果酱就能享受到好喝的饮料啦！

材 料（2人份）

苹果生姜果酱 30g 苏打水 240ml
冰块 适量 薄荷叶 适量

取适量苹果生姜果酱放到玻璃杯中，加入苏打水，加入冰块，用薄荷叶装饰。

苹果罐头

把苹果煮软但还保持苹果的形状，非常适合正餐之间或餐后享用，加些柠檬，口感更加清爽。

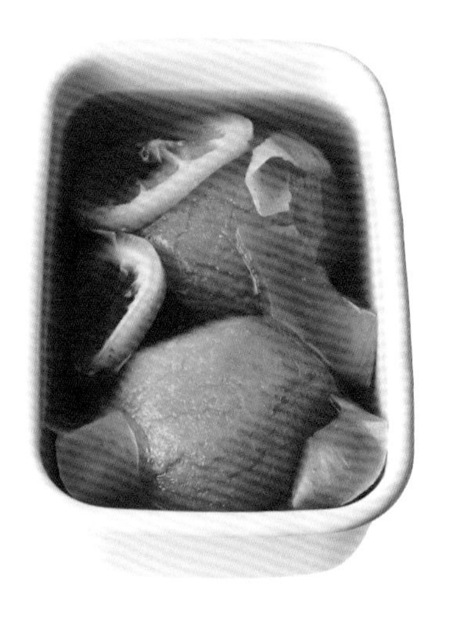

材 料（易于制作的量）

苹果　2～3个（果肉400g）
柠檬　1/2个
细砂糖　200g
水　600ml

1

苹果去皮去核，竖着切成4块，备足分量（将果皮留用）。把柠檬切成薄片。

2

把步骤1中的苹果块、果皮、柠檬片和细砂糖、水倒入锅中开大火。

3

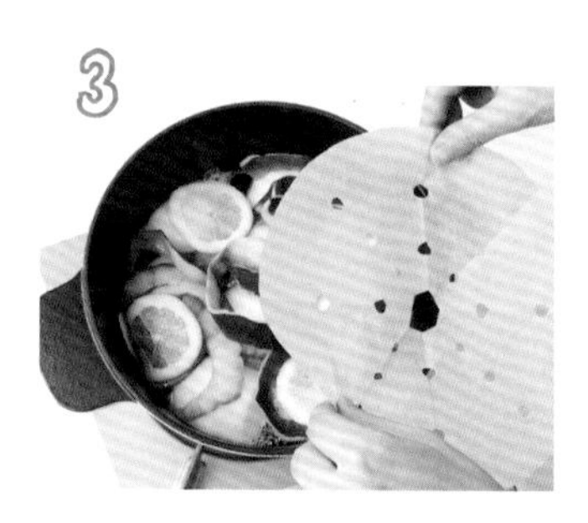

煮沸后转小火，盖上纸盖。

4

煮15～20分钟后关火冷却。

苹果罐头的保存

冷却后，将苹果罐头放入搪瓷制带盖容器或密闭容器中，放入冰箱保存。冷藏条件下可以保存一周。

苹果酸奶饮料

用苹果罐头果肉和罐头汁制作的简易饮料。

材 料（2人份）

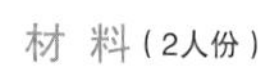

苹果罐头果肉　100g
罐头汁　70ml　　酸奶　120g

把苹果罐头果肉、罐头汁、酸奶放到榨汁机中搅拌后倒入玻璃杯即可。

Part 2

烤制苹果甜点

用苹果制作常见的烤制点心。从简易烤制即可的松糕到稍有技术含量的卷蛋糕和苹果派，本部分集合了22道甜点。每道甜点都散发着苹果清爽简单的香味，使人心情平静。

recipe-12

苹果肉桂蛋糕

把大块新鲜苹果放在肉桂风味的黄油蛋糕上烤制，虽然简单却回味无穷，让人每天都想吃一块。

材料

（一个直径18cm的圆形蛋糕的量）

苹果　1个
无盐黄油　120g
砂糖　100g
鸡蛋　2个

Ⓐ
- 低筋面粉　200g
- 发酵粉　1小勺
- 肉桂粉　1小勺

生奶油　2大勺

蛋泡糊
- 蛋清　1个
- 砂糖　30g

准备

* 无盐黄油室温下放至变软，蛋清食用前在冰箱内冷藏。
* 苹果竖切成8块去皮去核，与Ⓐ混合后过筛。
* 模具的底面和侧面铺上烤箱纸，把烤箱加热到160℃。

1

鸡蛋打碎搅拌好，把无盐黄油和砂糖用搅拌机搅拌，变白后把搅拌好的鸡蛋液分数次加入拌匀。

2

取1/3Ⓐ加入到步骤1中，用橡皮刮刀搅拌。搅拌后加入生奶油拌匀。

3

把剩余的Ⓐ加到步骤2中用橡皮刮刀搅拌。

4

根据P13的方法把砂糖加到蛋清中打发至硬性发泡，制作蛋泡糊。

5

把步骤4中的蛋泡糊分两次加到步骤3中，用橡皮刮刀拌匀。

6

把步骤5倒入模具中，把表面弄平，把苹果块轻轻按在表面。用烤箱160℃烤55～60分钟。

冷却后从模具中取出，切成合适的大小。吃上一口，满满的都是肉桂的浓香。

recipe-13

苹果红茶松糕

使用香气淡雅的大吉岭红茶，充分散发苹果的香气。

材料

直径6cm的松饼杯14~15个

Ⓐ
- 苹果 2个
- 无盐黄油 2大勺

Ⓑ
- 无盐黄油 120g
- 砂糖 110g

鸡蛋 1个

Ⓒ
- 低筋面粉 240g
- 发酵粉 1小勺

红茶茶叶（大吉岭） 1大勺

准备

* 把Ⓑ中的无盐黄油在室温下放至变软。苹果去皮去核，切成1cm见方的小块。
* 把红茶茶叶用研钵或菜刀弄碎。与Ⓒ混合后过筛。使用松糕模具，烤箱预热到180℃。

1. 开中火，预热平底锅，加入Ⓐ中的无盐黄油。黄油融化后加入苹果块，煎至稍有焦痕，冷却。
2. 把Ⓑ放到碗里，用搅拌机搅拌至发白。
3. 鸡蛋打碎搅拌好，分数次加入碗里，用搅拌机充分搅拌。
4. 把步骤3和红茶茶叶碎混合，用橡皮刮刀搅拌，不飞粉后把步骤1加入搅拌混合。
5. 把步骤4放入模具中，烤箱180℃烤25~30分钟。把松糕从模具中取出，放到蛋糕冷却器上冷却。

point

用研钵或菜刀将红茶弄碎后加到面糊Ⓒ中。

把无盐黄油煎的苹果块冷却后再加入搅拌。

recipe - 14

苹果芝士松糕

集合带皮的苹果、奶油芝士、酸奶油，打造出松脆清爽的味道。

材料

（15～16个直径6cm松糕杯的量）

苹果　1个

Ⓐ
- 奶油芝士　30g
- 无盐黄油　70g
- 酸奶油　30g
- 砂糖　120g

鸡蛋　1个

Ⓑ
- 低筋面粉　220g
- 发酵粉　1小勺

牛奶　1大勺

准备

* 无盐黄油和奶油芝士室温下放至柔软，苹果去核切块，与Ⓑ混合后过筛，备好松糕杯模具，烤箱预热到180℃。

1. 把Ⓐ倒入碗中，搅拌机打至发白。
2. 鸡蛋打碎搅拌好，分数次加入碗中，用搅拌机充分搅拌。
3. 取Ⓑ的一半加到步骤2中，用橡皮刮刀搅拌。加入牛奶搅拌，加入剩下的Ⓑ搅拌。不飞粉后加入苹果块搅拌。
4. 把步骤3倒入模具中，烤箱180℃烤25～30分钟。从模具中取出放到蛋糕冷却器上冷却。

point

面糊不飞粉后加入苹果块，用橡皮刮刀用力搅拌。

将松糕杯模具摆好，加入等量蛋糕糊。

recipe－15

苹果红薯蛋糕

苹果和红薯是绝佳组合，可烤制出松软的蛋糕。
加入香草豆可以使香味更加浓郁哦！

材料

（1个20cm×20cm方形蛋糕的量）

苹果　1个
红薯（果肉）　150g

A
- 无盐黄油　200g
- 细砂糖　100g
- 香草豆　1/2根

鸡蛋　2个
蛋黄　2个

B
- 低筋面粉　250g
- 发酵粉　1/2小勺

准备

* 无盐黄油室温下放至柔软。
* 红薯去皮备足分量，切成1cm小块，水中浸泡约10分钟。控水后放到耐热器皿上，罩上保鲜膜在600W微波炉中加热2～3分钟。罩着保鲜膜冷却（如下图）。
* 苹果竖切成8块去核后切成5mm厚的苹果片。将B混合后过筛。
* 香草豆按照P11的要领从豆荚中取出。
* 在模具底部和侧面铺上烤箱纸，烤箱预热到180℃。

1

把A放入碗中用搅拌机搅拌。

2

打至发白后，鸡蛋打碎搅拌好，和蛋黄分数次加入，用搅拌机充分搅拌。

3

把过筛后的B加到步骤2中，用橡皮刮刀搅拌。

4

不飞粉后加入红薯块和苹果片搅拌。

5

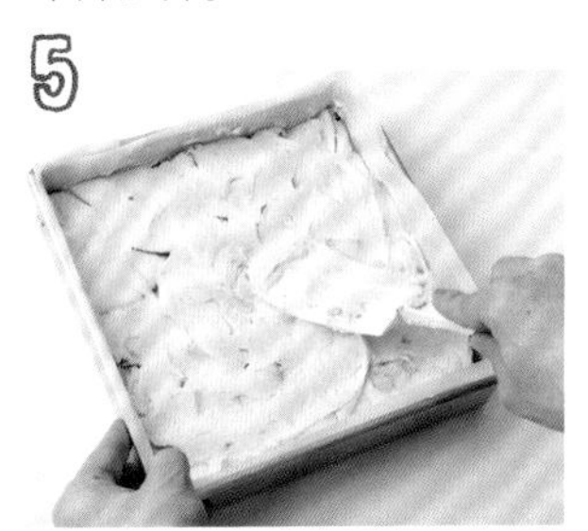

把步骤4倒入模具中，把表面弄平，烤箱180℃烤30～35分钟。

6

完全冷却后从模具中取出，按自己的喜好切块即可。

recipe 16

苹果磅蛋糕

制作此蛋糕的诀窍在于析出苹果水分，用肉桂浸膏煮，使肉桂的香气更加突出。

材料

（一个17.5cm×8cm×6cm磅蛋糕的量）

苹果　2个
红糖　40g
肉桂粉　1/2小勺
无盐黄油　20g
无盐黄油　100g
砂糖　70g
鸡蛋　1个
Ⓐ 低筋面粉　90g
Ⓐ 杏仁粉　100g
Ⓐ 发酵粉　1小勺
牛奶　1大勺

准备

* 将100g无盐黄油室温下放至变软。苹果竖切成8块去皮去核，再3等分。
* 在模具中涂上黄油（另外准备）。
* 撒上高筋面粉（另外准备），擦去多余面粉。
* 将Ⓐ混合过筛。烤箱预热到170℃。

1. 把苹果块、红糖、肉桂粉放到锅中用橡皮刮刀搅拌后放置30分钟。苹果块有水分析出后开中火，煮沸后加入20g无盐黄油，煮干水分，冷却。
2. 把无盐黄油100g和砂糖放入碗中，用搅拌机搅碎。变白后将鸡蛋打碎搅拌好，分数次加入，充分搅拌。
3. 把Ⓐ过筛后取一半加到步骤2中搅拌，不飞粉后加入牛奶，把剩余的Ⓐ加入，不飞粉后把步骤1加入混合后倒入模具中。
4. 用烤箱170℃烤45～50分钟（将竹签插入不粘就烤好了）。冷却后从模具中取出切块。

point

搅拌面糊，最后加入肉桂粉煮的苹果块。

将面糊倒入模具，将模具在案板上摔打，去除空气。

recipe-17

苹果香蕉磅蛋糕

蛋糕口味松软，香味浓郁，
香蕉的香甜和苹果的微苦完美契合。

材料

（一个17.5cm×8cm×6cm磅蛋糕的量）

焦糖苹果
- 苹果　1个
- 细砂糖　1大勺
- 无盐黄油　1/2大勺

无盐黄油　90g
砂糖　60g
鸡蛋　1个

A
- 低筋面粉　190g
- 发酵粉　1小勺

- 香蕉　1根（果肉100g）
- 牛奶　1大勺

准备

* 按照P8的要领制作焦糖苹果，冷却。
* 无盐黄油90g室温下放至变软。香蕉去皮去筋，用叉子背面将香蕉捣碎，加入牛奶搅匀。
* 在模具中涂上薄薄的黄油，撒上高筋面粉（另外准备），擦去多余面粉。
* 将A混合后过筛。把烤箱预热至170℃。

1. 把90g无盐黄油和砂糖放到碗中，用搅拌器搅拌至发白，将鸡蛋打碎搅拌好，分数次加入，充分搅拌。

2. 将过筛后的A取一半加到步骤1中用橡皮刮刀搅拌，加入混合好的香蕉和牛奶。将剩余的A加入搅拌。加入焦糖苹果搅匀，倒到模具中。
★将模具在案板上摔打，去除空气。

3. 用烤箱170℃烤45～50分钟（将竹签插入不粘就烤好了）。冷却后从模具中取出切块。

point

把香蕉牛奶和焦糖苹果混合到面糊中，营造水果的味道。

recipe-18

苹果戚风蛋糕

在超有人气的戚风蛋糕中加入足量的苹果碎，轻轻搅拌，
不破坏蛋泡糊的泡泡，烤制出松软的蛋糕。

材料

（1个直径17cm的戚风蛋糕的量）

苹果（果肉） 100g

Ⓐ
- 蛋黄 3个
- 砂糖 40g

色拉油 50ml

蛋泡糊
- 蛋清 3个
- 砂糖 45g

Ⓑ
- 低筋面粉 90g
- 发酵粉 1小勺

糖粉 适量

准备

* 蛋清使用前放在冰箱中冷藏。
* 苹果去皮去核，捣碎。
* 将Ⓑ混合后过筛。烤箱预热到160℃。

将Ⓐ倒入碗中用搅拌器搅拌。

变白后加入色拉油和苹果碎拌匀。

根据P13的要领把砂糖加到蛋清中，打至硬性发泡，制成蛋泡糊。

把步骤3中1/3的蛋泡糊加到步骤2中搅拌。

混合后将Ⓑ加入，不飞粉后将剩余的步骤3分两次加入，用橡皮刮刀用力搅拌。

把5倒到模具中，160℃烤箱烤45～50分钟。

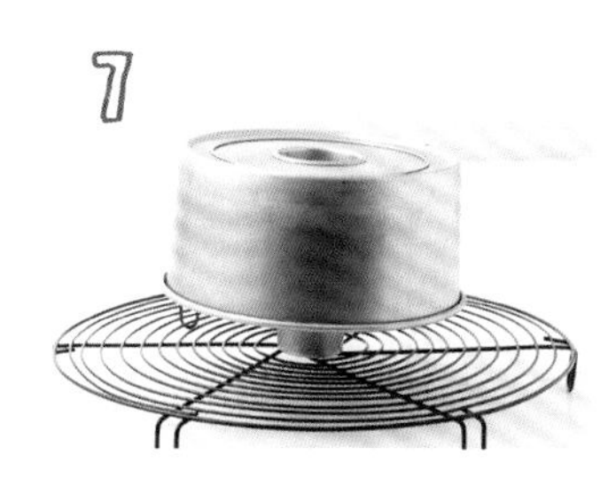

烤好后倒扣在蛋糕冷却器上冷却。

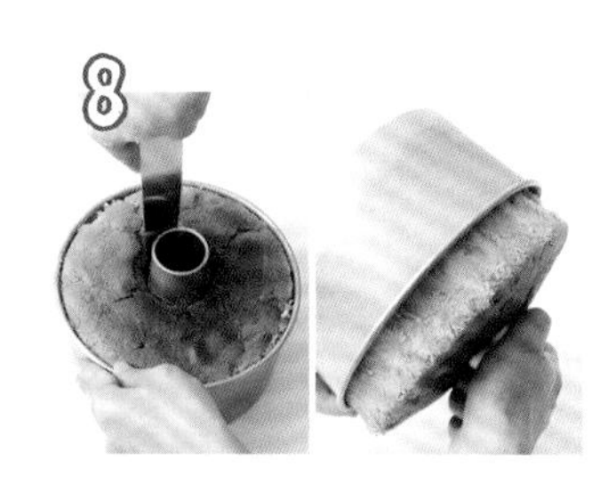

冷却后，外侧插入刀子、内侧插入调色刀将蛋糕从模具中取出。

用滤茶器撒上糖粉，切成自己喜欢的大小。将生奶油100ml、砂糖10g、苹果白兰地（P4）1/2大勺混合打发装饰，加上苹果片和薄荷也很可爱哦！

recipe.19

苹果珍贝酥糕

珍贝酥糕是诞生于法国的烤制甜点，充满了面粉和黄油的香味。
加上苹果酱可烤制成亮丽的金黄色。

材料

（25～30个4cm×6cm贝壳形珍贝酥糕模具的量）

简易苹果酱（P20） 80g
Ⓐ 低筋面粉 140g
Ⓐ 发酵粉 1小勺
砂糖 90g
鸡蛋 3个
无盐黄油 120g

准备

* 无盐黄油水浴融化。简易苹果酱捣碎。把Ⓐ混合后过筛。在模具中涂上薄薄的黄油，撒上高筋面粉（另外准备），擦去多余面粉。
* 烤箱预热到180℃。

1. 把过筛后的Ⓐ和砂糖放入碗中用搅拌器搅拌，把鸡蛋打碎搅拌好慢慢加入混合。
2. 将融化的无盐黄油慢慢加到步骤1中，加入简易苹果酱后搅拌。罩上保鲜膜后在冰箱中放30分钟。
3. 把步骤2用橡皮刮刀搅拌后装入带金属箍的裱花嘴，把原料挤到模具里，七分满。
4. 烤箱180℃烤15～18分钟。烤完后马上从模具中取出，放到蛋糕冷却器上冷却。

point

最后将苹果酱加入混合。

recipe-20

苹果曲奇

在简单的曲奇里加入苹果酱，外酥里嫩，营造一股松软的乡村风。

材 料（20～22个的量）

简易苹果酱（P20） 100g
Ⓐ 无盐黄油 100g
Ⓐ 砂糖 100g
鸡蛋 1个
低筋面粉 200g

准 备

* 无盐黄油室温下放至变软，低筋面粉过筛。
* 烤箱板上铺上烤箱纸，预热至170℃。

1. 把Ⓐ放入碗中用橡皮刮刀搅拌。把鸡蛋打碎搅拌好分数次加入，再用橡皮刮刀搅拌混合。
2. 把过筛后的低筋面粉加到步骤1中混合。不飞粉后用手轻轻揉成一团，包上保鲜膜放到冰箱里保存2小时以上。
3. 把步骤2取出放到撒有高筋面粉（另外准备）的案板上，揉成面团。分成一个个一口大的面团并弄平，按照照片中的要领将简易苹果酱包在里面。
4. 放在烤箱板上，170℃烤20～23分钟至呈微微的黄褐色，取出放在蛋糕冷却器上冷却。

point

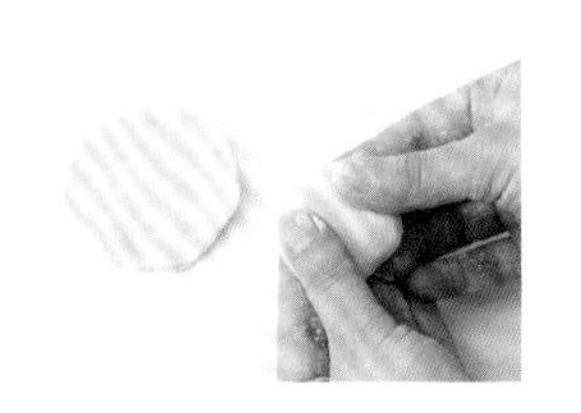
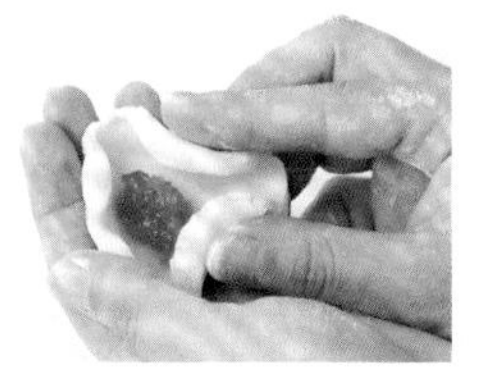

用手将面团压成直径6～7cm的小饼，包上1小勺果酱，弄平。

recipe_21

苹果蛋奶酥

蛋奶酥在法语里是“膨胀”的意思。
加入蛋泡糊和苹果酱，蓬松香醇。

材料

（8个直径8cm的蒸锅形模具的量）

简易苹果酱（P20） 120g

Ⓐ
- 无盐黄油 35g
- 牛奶 60ml

Ⓑ
- 低筋面粉 50g
- 高筋面粉 10g

鸡蛋 2个

蛋黄 2个

白兰地 1大勺

蛋泡糊
- 蛋清 2个
- 砂糖 40g

准备

* 蛋清使用前放在冰箱中冷藏，把Ⓑ混合后过筛。
* 在模具侧面涂上薄薄的黄油（另外准备）。烤箱预热至170℃。

1

把Ⓐ倒入锅中开火。黄油完全融化且煮沸后关火。加入过筛后的Ⓑ用木勺搅拌。

2

再次开火，用木勺搅拌20～30秒，蒸干水分。

3

把步骤2转移到碗里，将鸡蛋打碎搅拌，加入蛋黄混合搅拌好，分数次加入并充分搅拌。加入白兰地搅拌。

4

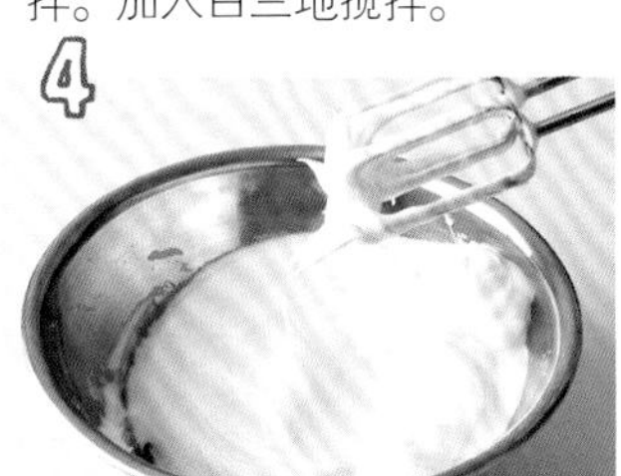

根据P13的要领把砂糖加到蛋清中打发至硬性发泡，制作蛋泡糊。

5

把步骤4的1/3加到步骤3里搅拌。剩下的蛋泡糊分两次加入，用橡皮刮刀混合。

6

把步骤5倒入模具，1/3满。

7

放入等量简易苹果酱，再把剩下的步骤5等量倒入模具，八分满。

8

放在烤箱板上，170℃烤15～20分钟至黄褐色。

recipe_22

黄金苹果面包棒

一般用巧克力制作布朗尼，换成白巧克力做出来的就是黄金面包棒。
这是美国常见的烤制甜点。做出的面包棒满含苹果果肉，赞极了！

材料

（一个20cm×20cm方形蛋糕的量）

苹果　1/2个
白巧克力　180g
无盐黄油　100g
鸡蛋　3个
砂糖　60g
A 低筋面粉　120g
A 发酵粉　1/2小勺

★ 这里使用的是药片状的巧克力。如果没有药片状的就捣碎后使用。

准备

* 苹果竖切成8块，去核后切成5mm厚的苹果片。
* 将A混合后过筛。
* 在模具底部和侧面铺上烤箱纸，烤箱预热到180℃。

1

把白巧克力和无盐黄油放入碗中，把碗放入50℃的热水中让白巧克力和无盐黄油融化。

2

把鸡蛋打入另一个碗中，加入砂糖，用搅拌器搅拌。

3

把步骤1充分搅拌后加到步骤2里。

4

加入过筛后的A，用橡皮刮刀搅拌。不飞粉后加入苹果片搅拌。

5

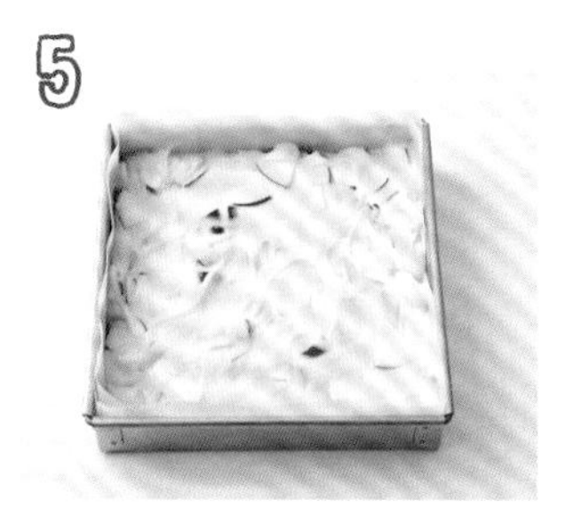

把步骤4倒入模具，烤箱180℃烤大约30分钟。

6

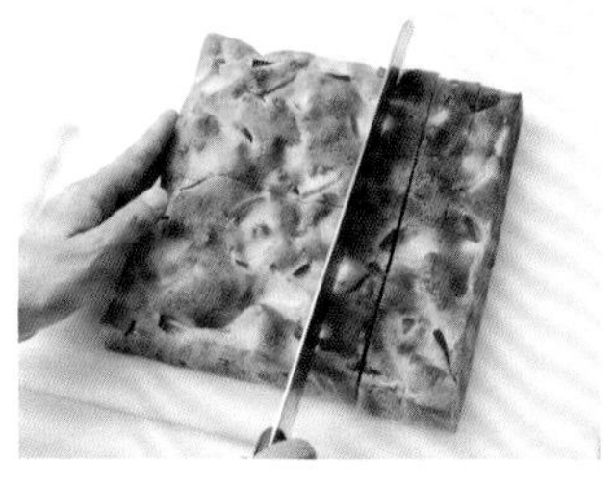

在模具中冷却后，从模具中拿出，撕去烤箱纸。横着切成两半，再竖着切成同样大小的面包棒。

recipe-23

苹果烤芝士蛋糕

芝士蛋糕的魅力在于奶油芝士的醇香和丝滑的口感，加上焦糖苹果和甜酒后，一入口，苹果香和酒香在口中散开，散发着成熟的味道。

底部蛋糕使用了香脆的全麦饼干。加上稍带苦味的焦糖苹果和加入甜酒的芝士面团混合烤制，独特的苹果烤芝士蛋糕就制成啦！

材料

（一个直径18cm的圆形模具的量）

焦糖苹果
- 苹果　2个
- 细砂糖　2大勺
- 无盐黄油　1大勺

奶油芝士　400g
砂糖　80g
生奶油　150ml
玉米淀粉　3大勺
甜酒　1/2大勺

底部蛋糕
- 全麦饼干　100g
- 无盐黄油　50g

准备

- * 根据P8的要领制作焦糖苹果，冷却。
- * 奶油芝士室温下放至变软。
- * 在模具的侧面涂上一层薄薄的黄油（另外准备），把制作底部蛋糕的无盐黄油加到碗中水浴融化，把全麦饼干装入厚塑料袋中用擀面杖压得细碎（照片ⓐ），将融化的无盐黄油加入搅拌（照片ⓑ）。倒到模具中，用橡皮刮刀压平（照片ⓒ）。
- * 烤箱预热至170℃。

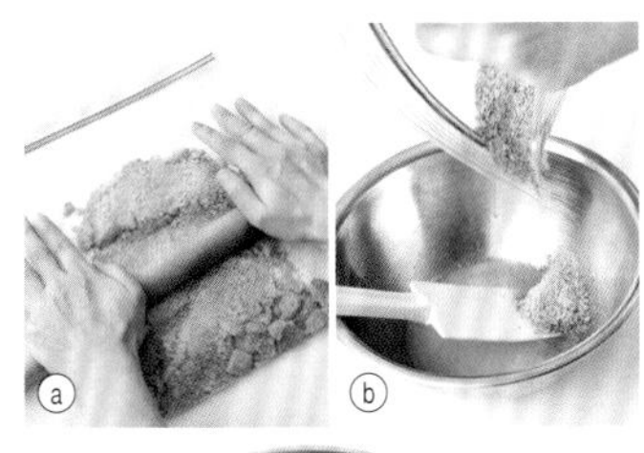

1

把奶油芝士倒入碗中，用橡皮刮刀搅拌至丝滑后加入砂糖搅拌。

2

依次加入生奶油、玉米淀粉、甜酒，用搅拌器充分搅拌。

3

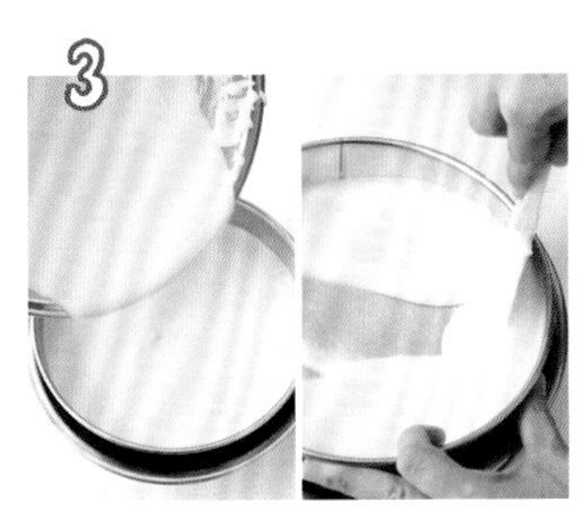

将步骤2过滤。

★过滤后会变得更加丝滑。

4

把焦糖苹果放到模具里，倒入步骤3。

5

烤箱170℃烤60～70分钟，在模具中冷却后取出切块。

recipe-24

果料派

用焦糖苹果把蛋糕紧紧包住烤制，人气爆棚的法国甜点出炉啦！
入口即化的口感让人欲罢不能。

材料

（一个直径18cm模具的量）

馅料

苹果　6个（果肉1.2kg）

细砂糖　120g

无盐黄油　60g

面团

A 低筋面粉　60g

A 高筋面粉　30g

盐　少量

无盐黄油　70g

凉水　45~60ml

★推荐使用不易煮烂的苹果品种。

准备

* 按照P49的方法制作面团。将面团放在撒有高筋面粉（另外准备）的案板上。擀成比模具大一圈的3mm厚的面饼，用叉子插孔后用保鲜膜包住放入冰箱冷藏。
* 苹果去皮去核，竖切成8块，备好。模具涂上一层薄薄的黄油（另外准备）。
* 在烤箱板上铺上烤箱纸，烤箱预热到200℃。

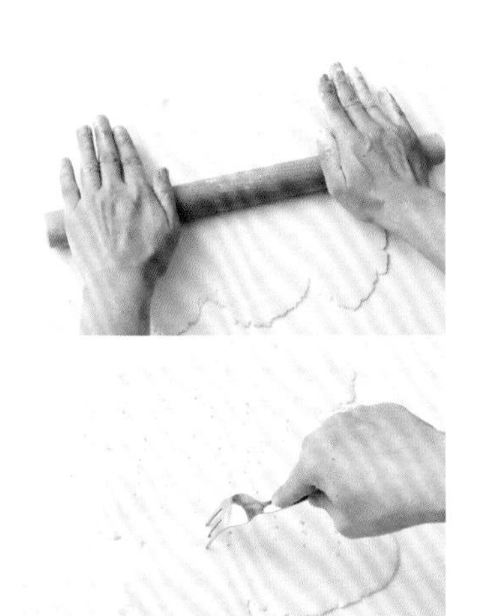

1

锅内加入细砂糖开中火，变为焦糖状后加入苹果块搅拌。

2

开大火并盖上锅盖。苹果水分析出后加入无盐黄油，用木勺搅拌。

3

关火取出苹果。再开中火把焦糖煮至木勺能在锅底划出痕迹。

★用木勺充分混合，熬至木勺能在锅底划出痕迹。

4

把苹果块填入模具，浇上步骤3后放到烤箱板上，放入烤箱200℃烤30分钟。

5

从烤箱中取出，用勺子背把苹果压进模具。

6

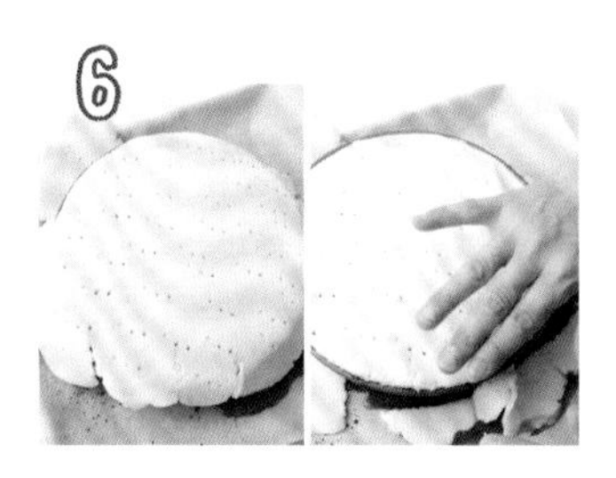

把面团铺在步骤5上，切掉多余的边缘。把面团边缘塞进模具。

★温度较高，注意防止烫伤。

7

烤箱200℃烤25~30分钟，将面团烤至黄褐色。

8

散热后放入冰箱冷却。快速地把模具周边浸入热水里。翻倒模具取出甜点。

recipe_25

苹果卷筒蛋糕

把焦糖苹果和奶油冰激凌卷入含有全麦面粉的海绵蛋糕中，简单的蛋糕和苹果、奶油相结合，超级美味！

材料

（一个27cm×27cm烤箱板的量）

分类		材料	用量
焦糖苹果		苹果	1个
		砂糖	1大勺
		无盐黄油	1/2大勺
奶油冰激凌	A	砂糖	40g
	A	低筋面粉、玉米淀粉	各1大勺
		牛奶	200ml
		蛋黄	2个
		香草豆	1/4根
		无盐黄油	10g
面团	B	鸡蛋	3个
	B	砂糖	60g
	C	低筋面粉	30g
	C	全麦面粉	30g
		牛奶、色拉油	各1大勺
糖浆		砂糖	1大勺
		热水	1大勺
		甜酒	1/2大勺

准备

* 按照下一页的要领制作奶油冰激凌，冷却。
* 按照P8的要领制作焦糖苹果，冷却。
* 将用于制作糖浆的砂糖用热水溶解，冷却后加入甜酒。
* 把C混合后过筛。烤箱板上铺上烤箱纸，烤箱预热到180℃。

1 制作面团。鸡蛋打碎，加入砂糖用搅拌器打发至捞起后呈缎带状垂落。

2 把Ⓒ加到步骤1中搅拌，不飞粉后加入牛奶、色拉油混合搅拌。

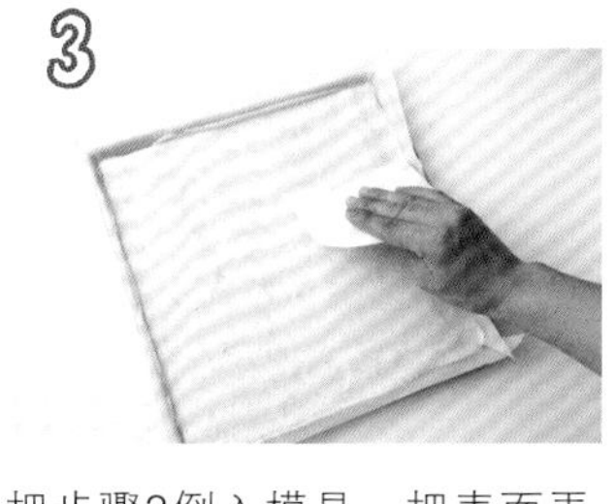

3 把步骤2倒入模具，把表面弄平，烤箱180℃烤13～15分钟。

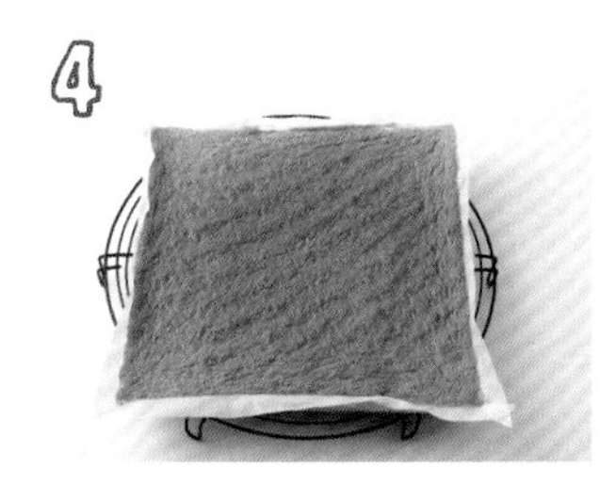

4 带纸放到蛋糕冷却器上冷却，冷却后把纸撕下。

5 为了使表面平整，把突出的两边用刀斜向切掉。

6 把奶油冰激凌放到碗中用橡皮刮刀搅拌后，再加入焦糖苹果搅拌。

7 把步骤5放到烤箱纸上，表面涂上糖浆，再涂上奶油冰激凌。

8 用擀面杖把烤箱纸像卷寿司一样卷起。

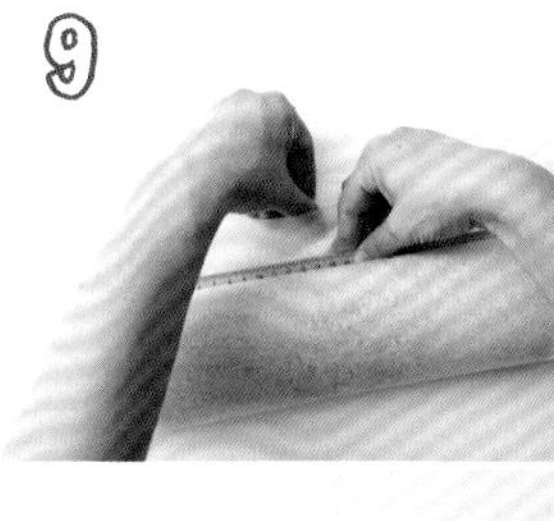

9 把烤箱纸边缘那一侧放在下面，像照片中一样放入直尺，把纸的两端拧紧放入冰箱冷藏后，按个人喜好切块。

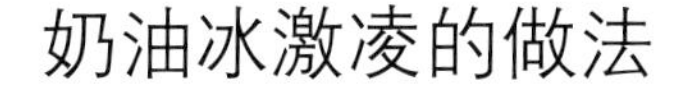

奶油冰激凌的做法

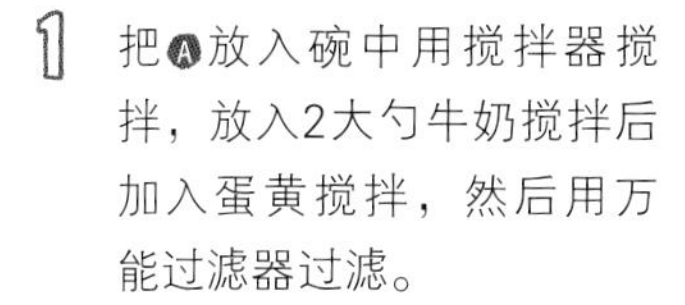

1 把Ⓐ放入碗中用搅拌器搅拌，放入2大勺牛奶搅拌后加入蛋黄搅拌，然后用万能过滤器过滤。

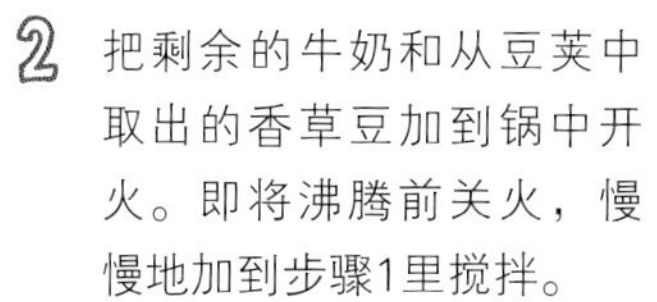

2 把剩余的牛奶和从豆荚中取出的香草豆加到锅中开火。即将沸腾前关火，慢慢地加到步骤1里搅拌。

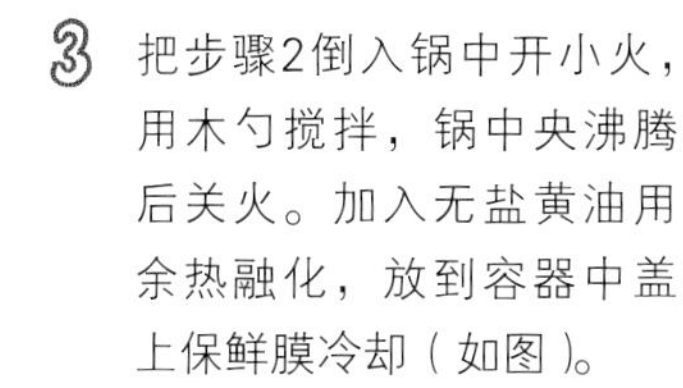

3 把步骤2倒入锅中开小火，用木勺搅拌，锅中央沸腾后关火。加入无盐黄油用余热融化，放到容器中盖上保鲜膜冷却（如图）。

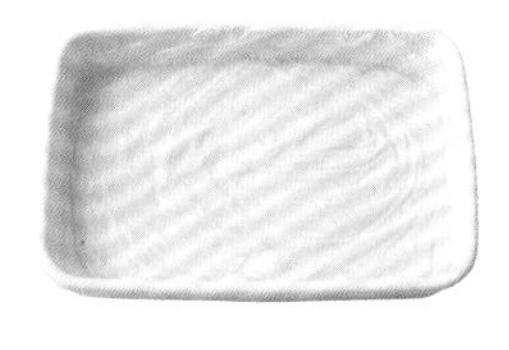

recipe-26

苹果派

苹果派是加入香甜煮苹果的常见甜点。
果香浓郁，口感松脆。

→ 做法见P48

recipe-27

开放式苹果派

把苹果片放在正方形的面团上，加入醇香的肉桂糖和黄油烤制而成。
只要提前做好面团，任何时候都可以轻松烤制出开放式苹果派。

→ 做法见P49

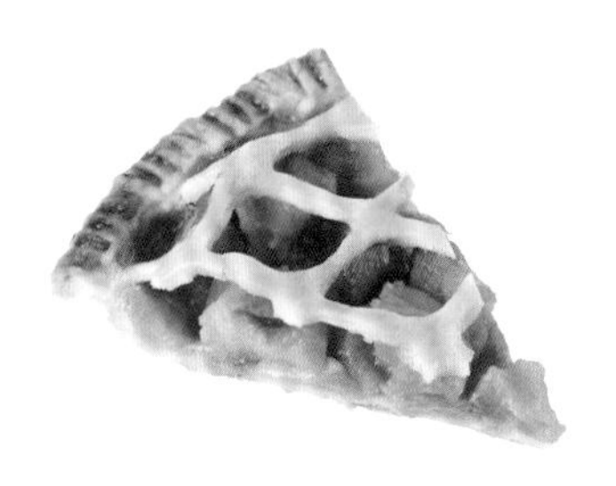

苹果派

材料

（1个直径21cm的盘子的量）

馅料
- Ⓐ
  - 苹果　3个
  - 红糖　50g
  - 柠檬汁　1/2个柠檬
  - 肉桂粉　1/2小勺
- 无盐黄油　20g
- 甜酒　1大勺
- 玉米淀粉　1大勺

面团
- Ⓑ
  - 低筋面粉　120g
  - 高筋面粉　60g
- 盐　少量
- 无盐黄油　140g
- 凉水　90～120ml

鸡蛋（抛光用）　1个

准备

* 按照P49的要领制作面团。
* 把Ⓐ中的苹果竖切成8块，去皮去核，再把每块三等分。
* 烤箱预热到190℃。

1

制作馅料。把Ⓐ加到锅中混合，静置约30分钟至水分析出。

2

把无盐黄油加到步骤1中，中火煮至水分大致蒸发，加入用甜酒稀释的玉米淀粉搅拌。

3

关火，铺在盘子表面，盖上保鲜膜冷却。

4

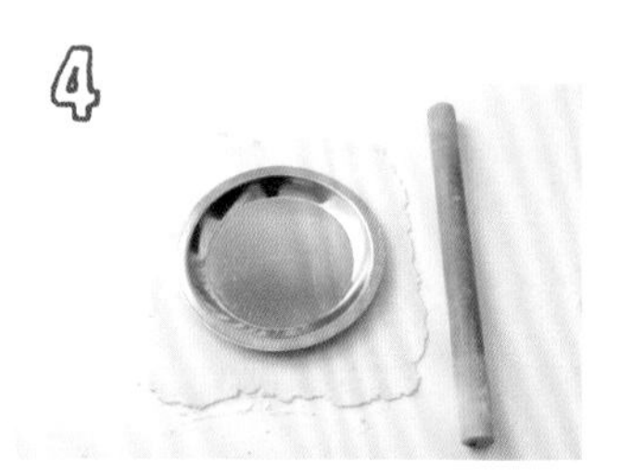

把面团放在撒有高筋面粉（另外准备）的案板上，切下2/3，擀成比盘子大一圈、厚3mm的面饼。

★剩余的面团放到冰箱里

5

用擀面杖把面饼铺到盘子里，倒入步骤3中冷却的苹果块。

6

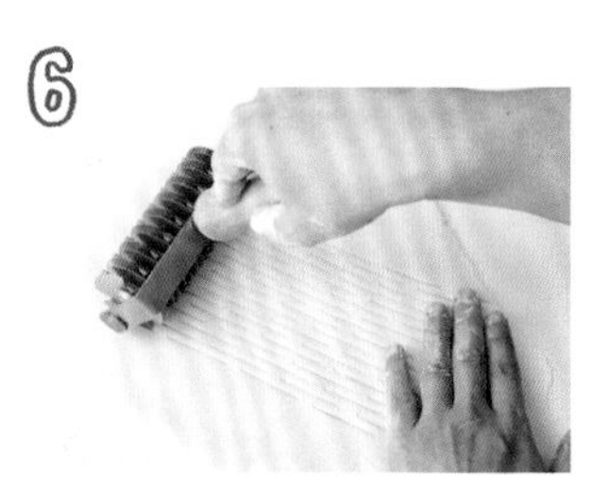

鸡蛋打碎搅拌好。把剩余的面团擀成厚3mm的面饼，用饼刀切缝。用刷子把蛋液涂在步骤5中面饼的边缘。

7

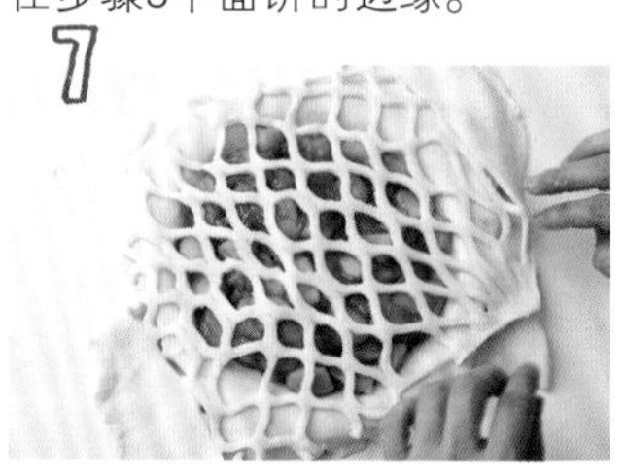

把步骤6中面饼上的切缝拉开后罩在步骤5上，轻轻压紧边缘后去除多余的面团。

8

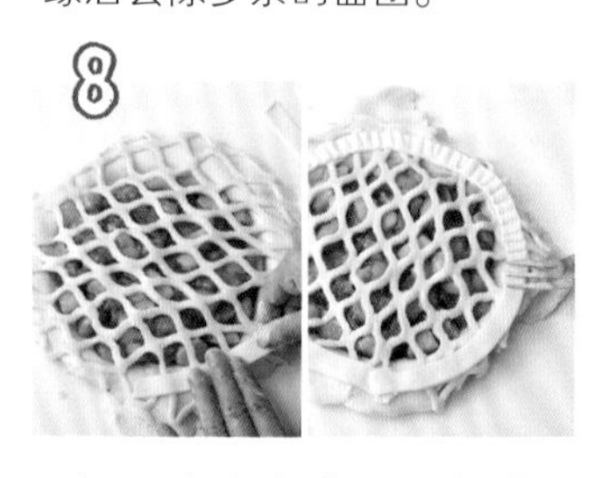

把蛋液涂在表面，把步骤7中切下的面团做成1.5cm宽的带状放在上面，用叉子压紧。

9

把多出的面团切去，周围涂上蛋液，烤箱190℃烤45～50钟。冷却后从盘子中取出。

★如果没有步骤6中的饼刀，擀成圆饼放在步骤5上，用刀子划出十字切缝后烧烤也行。

开放式苹果派

材 料

（一个23cm×23cm苹果派的量）

苹果　1个

面团：
- Ⓐ 低筋面粉　120g
- Ⓐ 高筋面粉　60g
- 盐　少量
- 无盐黄油　140g
- 凉水　80～90ml

细砂糖　3大勺

肉桂粉　1/2小勺

无盐黄油　20g

准 备

* 按照右侧要领制作面团。
* 苹果去核，竖切成厚5mm的片。
* 烤箱板上铺上烤箱纸，烤箱预热到200℃。

1

把面团放在撒有高筋面粉（另外准备）的案板上，和匀后擀成厚3mm的面饼，切成边长23cm正方形放在烤箱板上。

2

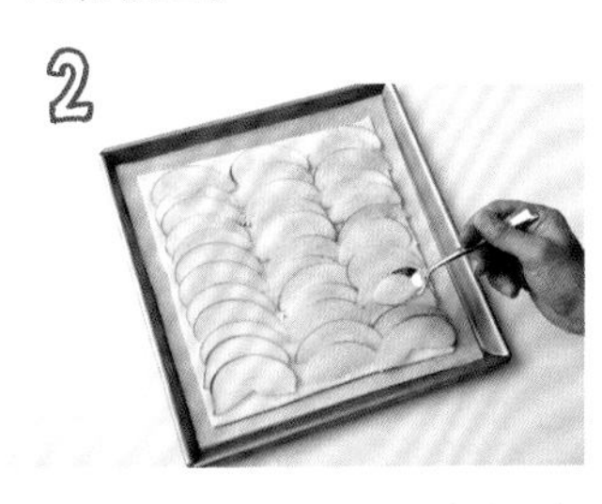

如图所示摆好苹果片，将细砂糖和肉桂粉混合后撒在上面。

3

把无盐黄油切碎撒在上面，烤箱200℃烤25～30分钟至面团变成黄褐色。

面团的制作方法

注意要把无盐黄油切成1～2cm小块，冷藏后与各类粉混合，才能做出香脆的面团。

1. 把过筛的Ⓐ、盐、冷藏后的无盐黄油放到碗中，把黄油用卡片捣碎（照片ⓐ）成红小豆大小（照片ⓑ）。
2. 用双手搓揉（照片ⓒ）至照片ⓓ中的肉松状。
3. 边慢慢地向步骤2中加凉水边搅拌（照片ⓔ）。
4. 揉成一团后包上保鲜膜，在冰箱中放置2小时以上。

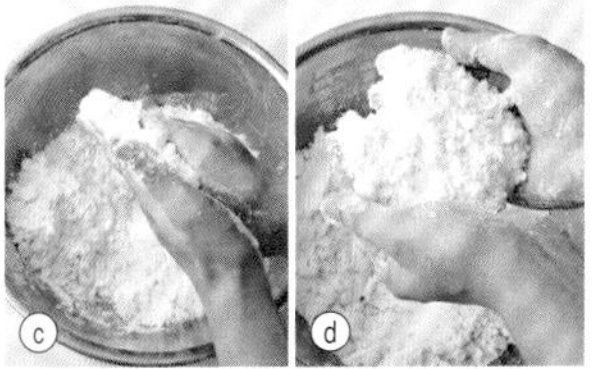

recipe_28

卡士达酱苹果蛋糕

把加入蛋泡糊的蛋奶羹和焦糖苹果组合起来。
香脆的面团和烤得恰到好处的焦糖好吃到爆。

材料（直径18cm的圆形蛋糕的量）

焦糖苹果
- 苹果　2个
- 细砂糖　2大勺
- 无盐黄油　1大勺

面团
- A 低筋面粉　60g
- A 高筋面粉　30g
- 盐　少量
- 无盐黄油　70g
- 凉水　45～60ml

卡士达酱
- 低筋面粉　15g
- 砂糖　30g
- 牛奶　120ml
- 蛋黄　2个
- 明胶块　5g

蛋泡糊
- 蛋清　2个
- 砂糖100g

细砂糖　适量

准备

* 按照P8的要领制作焦糖苹果，冷却。
* 按照P49的要领制作面团，冷藏后取出放在撒有高筋面粉（另外准备）的案板上。擀成厚3mm的面饼，用叉子插孔，铺到模具中，把多余的面饼切除。内侧铺上烤箱纸放上压物石放入烤箱190℃烤25分钟。从烤箱中取出，出去烤箱纸和压物石后再190℃烤15～16分钟。散热后从模具中取出（如图）。
* 明胶块用冷水（另外准备）充分浸泡。

1

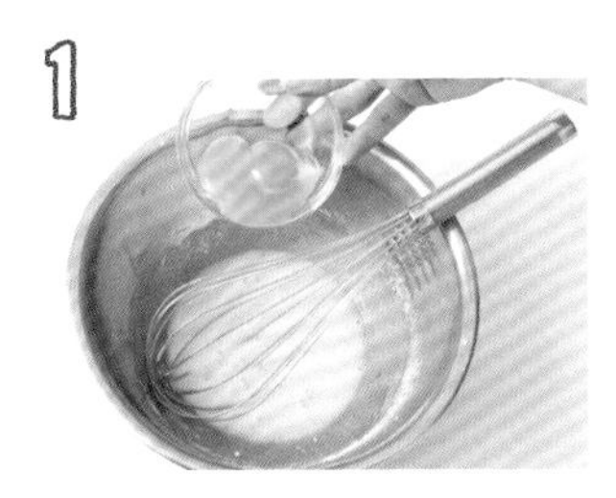

制作卡士达酱。把低筋面粉和砂糖用搅拌器搅拌，依次加入2大勺牛奶和蛋黄搅拌。

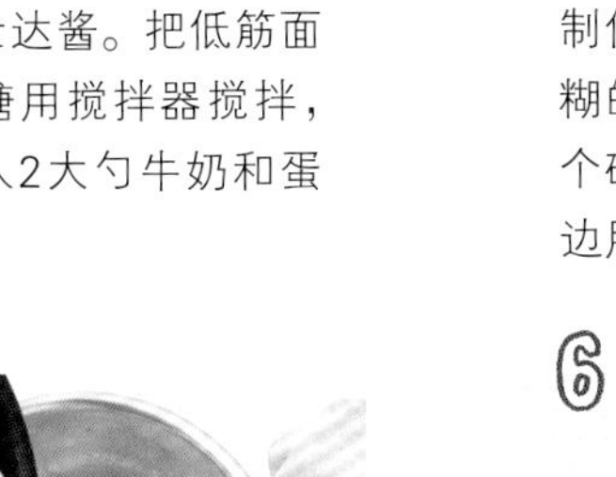

2

把剩下的牛奶加到锅里，开火，即将沸腾时关火，一点点地加到步骤1中。

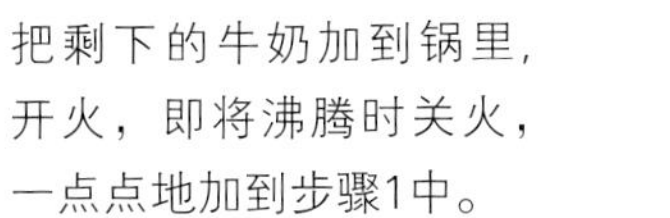

3

把步骤2倒回锅中用木勺边搅拌边开小火加热。如右侧照片中变硬成糊后关火。

4

把沥干水分的明胶块加到步骤3中，用橡皮刮刀搅拌至溶化后转移到碗里。

5

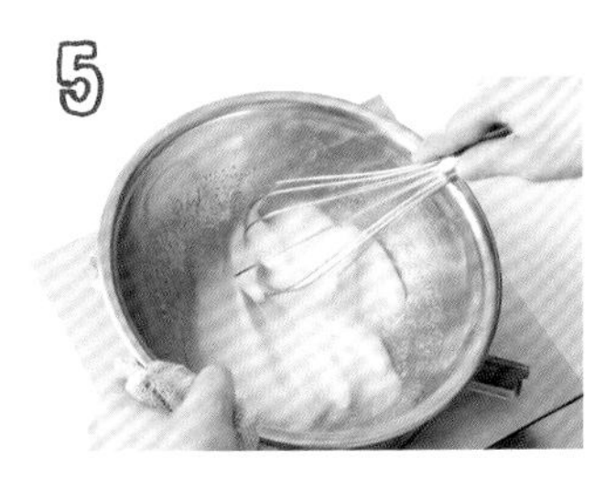

制作蛋泡糊。把制作蛋泡糊的蛋清和砂糖加到另一个碗里，边用搅拌器搅拌边用小火加热。

6

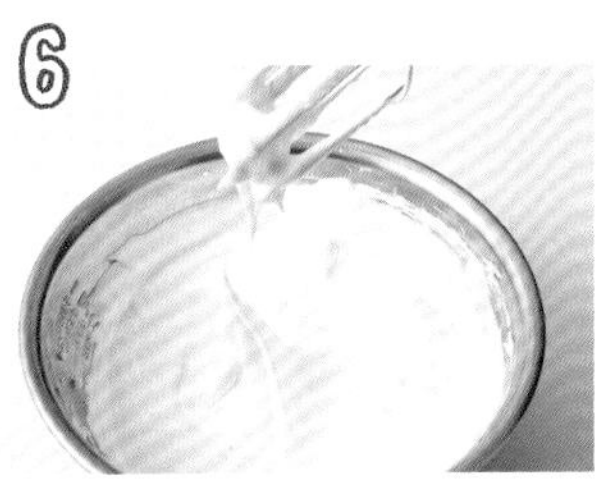

砂糖完全融化后关火，用打蛋器打至硬性发泡。

7

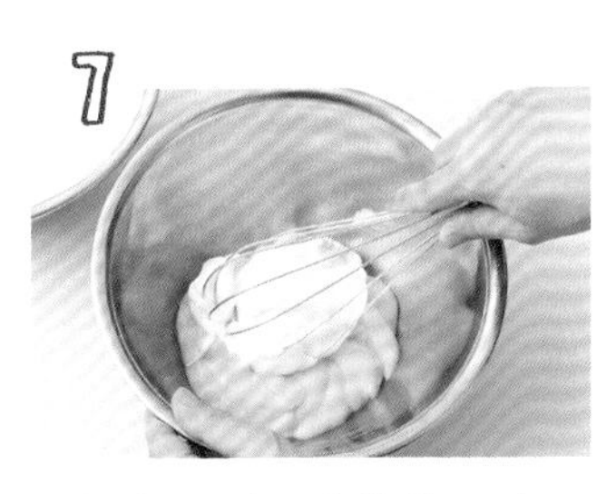

把步骤6中蛋泡糊的1/3加到步骤4里，用搅拌机搅拌。再将剩余的蛋泡糊加入，用橡皮刮刀搅拌混合。

8

把焦糖苹果加到烤好的面团中，再把步骤7加入。

9

放在旋转台上，用调色刀修整周边。放到冰箱里冷藏1～2小时。

10

在表面撒上细砂糖，用喷枪烤至焦糖状。放到冰箱中冷藏10分钟左右至焦糖苹果变硬。

★为防止烧焦桌子，请在烤箱板上制作。

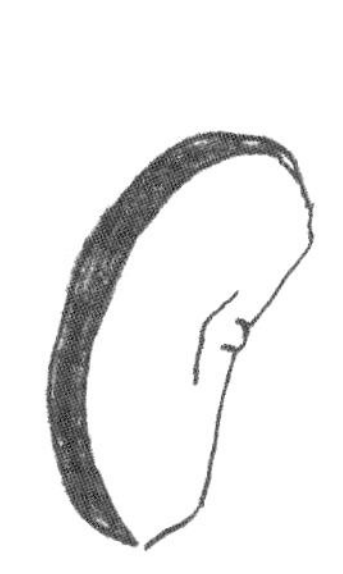

recipe_29

苹果巧克力蛋糕

苦味巧克力和酸酸甜甜的苹果简直是天生绝配，
加入蛋泡糊的蛋糕口感浓厚又清爽。

材料

（一个直径18cm圆形模具的量）

苹果罐头（P22）的果肉　200g
蛋黄　3个
砂糖　35g
巧克力（板状）　80g
无盐黄油　60g
生奶油　2大勺

蛋泡糊
- 蛋清　30g
- 砂糖　35g

A
- 低筋面粉　2og
- 可可粉　50g

准备

* 按照P22的要领制作苹果罐头。把果肉切成3cm的小块。
* 切碎巧克力，和切碎的无盐黄油一起倒入碗中，碗底放到50℃热水中（如下面照片所示），水浴融化后搅拌混合。
* 蛋清使用前放在冰箱中冷藏。把A混合后过筛。
* 在模具的底部和侧面铺上烤箱纸，烤箱预热到160℃。

1

把蛋黄和砂糖放到碗中，用搅拌器打发至变白。

2

把融化的巧克力和无盐黄油加到步骤1中充分混合，加入生奶油用搅拌器搅拌。

3

按照P13的要领制作蛋泡糊。把1/3的蛋泡糊加到步骤2中，用搅拌器搅拌混合。

4

把过筛的A加到步骤3中用橡皮刮刀搅拌。剩余的蛋泡糊分两次加入搅拌。

5

混合度达到八成后加入果肉块搅拌。

6

倒入模具中弄平，烤箱160℃烤45～50分钟。放模具中完全冷却后取出切块。

recipe-30

苹果馅饼

表面镶嵌苹果片，苹果白兰地风味的杏仁酱（乳脂）与苹果的酸甜完美契合。

材料

（一个直径18cm馅饼模具的量）

苹果　3/4个

馅饼面团
- 无盐黄油　100g
- 砂糖　40g
- 蛋黄　1个
- 低筋面粉　180g

乳脂
- 无盐黄油　60g
- 砂糖　80g
- A
  - 鸡蛋　1个
  - 蛋黄　1个
- 杏仁粉　100g
- 苹果白兰地（P4）　1大勺

杏酱　适量

准备

* 把用于制作馅饼面团的无盐黄油室温下放至变软。低筋面粉过筛。
* 把用于制作乳脂的无盐黄油室温下放至变软。把A中的鸡蛋打碎，和蛋黄搅匀。杏仁粉过筛。
* 烤箱预热至170℃。

切块后呈现出3层：涂着杏酱的苹果片、香味浓郁的乳脂、松脆的面饼。色香味俱全。

1

制作馅饼面团。把无盐黄油和砂糖混合用搅拌机搅拌至发白，把步骤1个蛋黄慢慢加入并充分搅拌。

2

把低筋面粉加到步骤1中，用橡皮刮刀搅拌至呈右图所示的肉松状。

3

把面团用手揉成一团。

4

包上保鲜膜，放到冰箱里冷藏2小时以上。

5

制作乳脂。把无盐黄油和砂糖用搅拌机搅拌至发白，把Ⓐ分4～5次加入搅拌。

6

加入杏仁粉，用橡皮刮刀搅拌，加入苹果白兰地搅拌后罩上保鲜膜放到冰箱中冷藏30分钟以上。

7

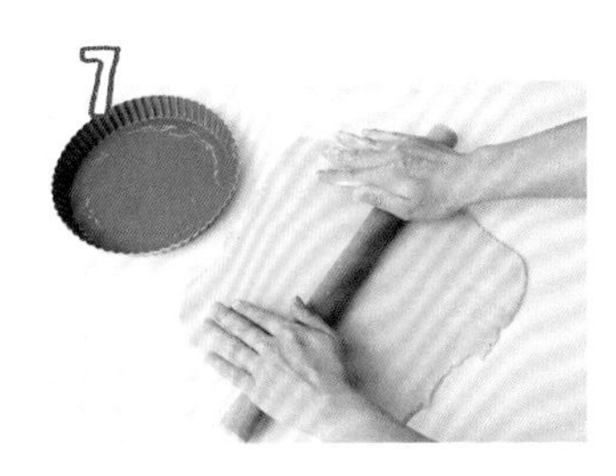

把步骤4取出放在撒有高筋面粉（另外准备）的案板上，擀成比模具大一圈厚5mm的面饼。

8

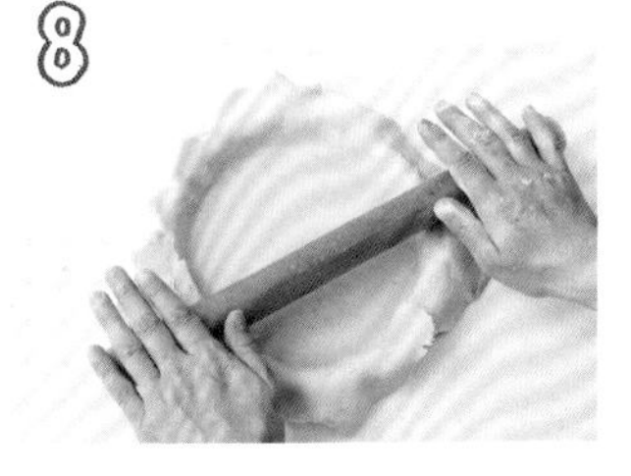

用擀面杖把面饼铺在模具上，并把多余的面饼去掉。

9

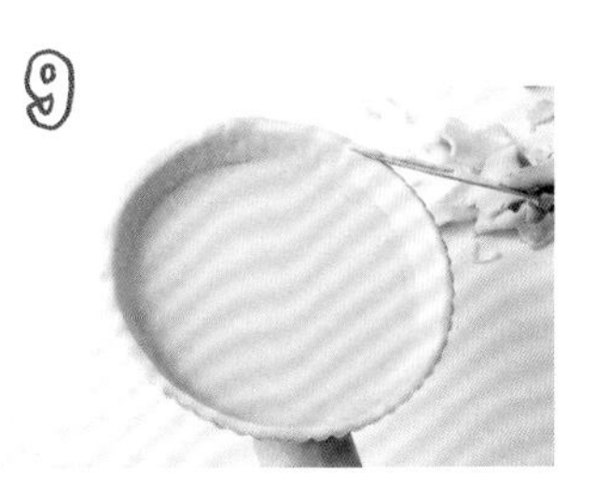

用手指把侧面的面团压紧，使面团贴在模具上，多余的面饼用刀子去掉。

10

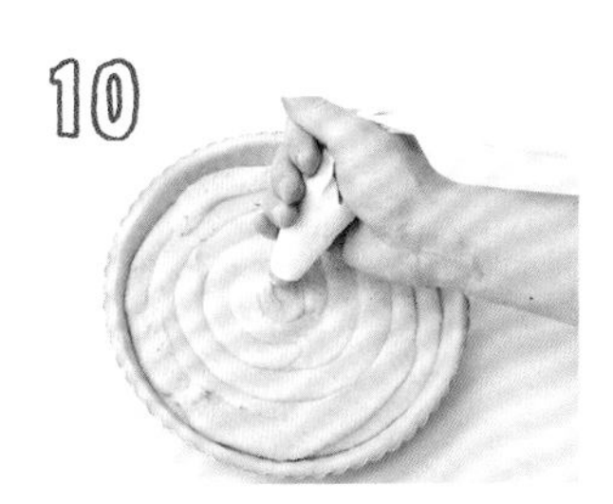

把步骤6用橡皮刮刀搅拌均匀，用裱花嘴从周边向中央划出旋涡状纹路，把表面压平。

11

把苹果去核切片摆放在步骤10上。烤箱170℃烤35～40分钟至边缘呈黄褐色。

12

放在模具中冷却。在煮沸的杏酱中加入少量水（另外准备），用刷子刷在表面。

recipe_31

焦糖苹果蛋糕

在松软的焦糖风味蛋糕中加入新鲜的苹果片，
温和的白巧克力酱和焦糖汁搭配，突出微微的苦味。

材料（一个直径18cm的圆形模具的量）

苹果（果肉） 150g
鸡蛋 3个
砂糖 70g
焦糖汁 20ml
低筋面粉 80g
无盐黄油 10g

奶油
- 白巧克力 50g
- 焦糖汁 80ml
- 生奶油 250ml

★此处使用药片状的白巧克力，
没有的话切碎使用即可。

准备

* 按照下一页的要领制作焦糖汁，备足分量。
* 黄油水浴融化，苹果竖切成8块去核，切成5mm的苹果片备用。
* 低筋面粉过筛。模具底部和侧面铺上烤箱纸，烤箱预热至170℃。

在加入苹果片的焦糖海绵蛋糕上抹上厚厚的白巧克力焦糖奶油。

1

制作海绵蛋糕面团。把鸡蛋打碎，和砂糖一起放到碗中用搅拌器打发至捞起后呈缎带状垂落。

2

把焦糖汁加到步骤1中搅拌。

3

加入低筋面粉，用橡皮刮刀搅拌。

4

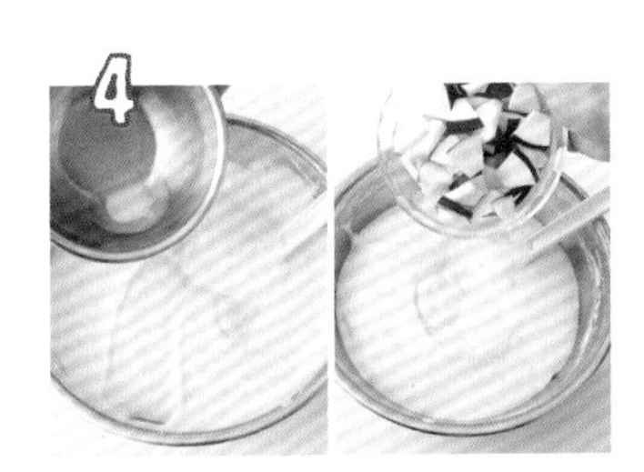

混合度达到九成后加入融化的无盐黄油和苹果片搅拌。

5

把步骤4倒到模具中弄平，烤箱170℃大约烤30分钟。从模具中拿出，放到蛋糕冷却器上冷却。

6

制作奶油。把白巧克力放到碗中，碗底部放入50℃水中（水浴）融化。

7

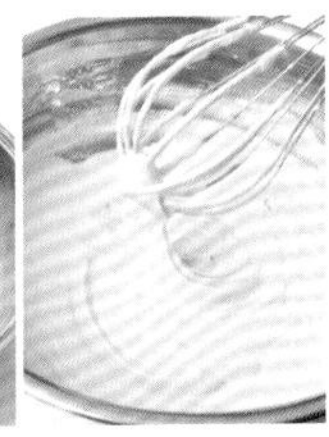

把焦糖汁加到步骤6中用搅拌器充分搅拌。把生奶油一点点加入打发至硬性发泡。

8

去除步骤5上的纸，用调色刀将步骤7涂抹在表面，在上面弄出放射状突起。

焦糖汁的制作方法

材 料（易于制作的量）

砂糖 170g
水 30ml
热水 80ml

1. 把砂糖和水放到锅中用木勺搅拌，开中火（照片ⓐ）。
2. 砂糖融化、从边缘开始变色后摇晃锅子使颜色均匀（照片ⓑ）。
3. 变成浓焦糖色后关火，通过木勺加入热水（照片ⓒ）。
   ★小心蒸汽，会有喷溅小心烫伤
4. 充分搅拌（照片ⓓ）后冷却。

ⓐ

ⓑ

ⓒ

ⓓ

recipe - 32

苹果肉桂卷

肉桂和黄油煎过的苹果超级配，
用面团卷起烤制后再加上糖霜就完成啦！

材料（10个的量）

煎苹果	苹果　1个
	细砂糖　20g
	肉桂粉　1/2小勺
	无盐黄油　1大勺
A	砂糖　25g
	盐　3g
	鸡蛋　1个
	牛奶　75ml
B	低筋面粉　50g
	高筋面粉　200g
C	干酵母　5g
	砂糖　3g
	温水　25ml
	无盐黄油　20g
糖霜	蛋清　1/2个
	糖粉　120g
	柠檬汁　1小勺

准备

* 把C中的干酵母和砂糖放到小碗里，加温水，静置片刻预备发酵。
* 制作煎苹果。苹果竖切成8块去核再切成薄片。平底锅开中火加热，放入无盐黄油融化后加苹果片，苹果变软后加细砂糖和肉桂粉，搅拌后关火冷却。
* 无盐黄油20g室温下放至变软。
* 把B混合后过筛。烤箱板上铺上烤箱纸。

1

把Ⓐ放到碗中用搅拌器充分搅拌，加入1/2过筛后的Ⓑ搅拌混合。

2

把预备发酵的Ⓒ加到步骤1中混合，剩余的Ⓑ也加入，用橡皮刮刀搅拌混合。

3

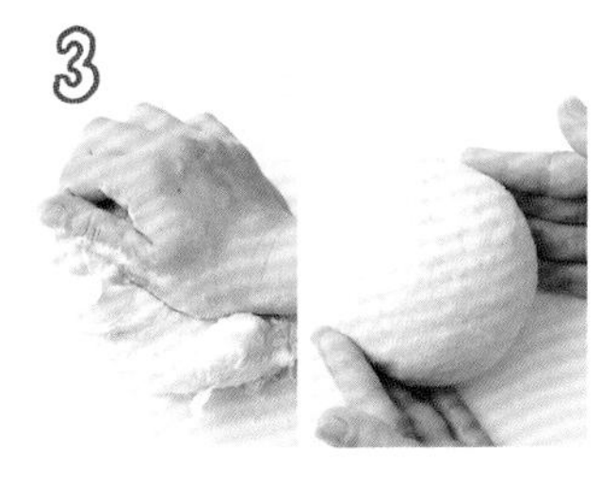

把无盐黄油加到步骤2中用手搅拌混合，取出放在案板上和面，面团变滑后揉成一团。

4

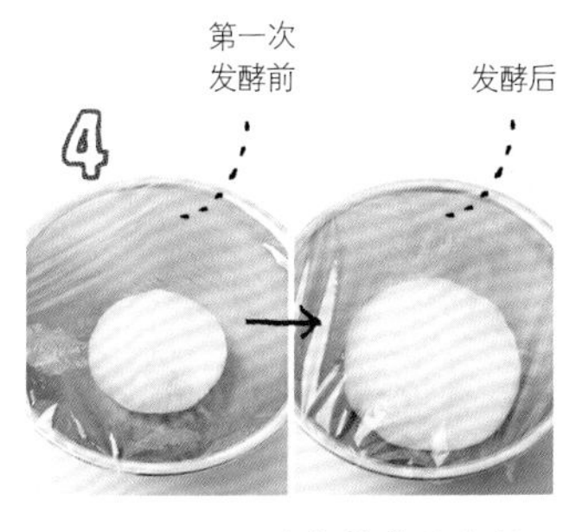

把步骤3放入涂有薄薄的色拉油（另外准备）的碗中，罩上保鲜膜放在预热至35℃的烤箱中发酵40分钟。

5

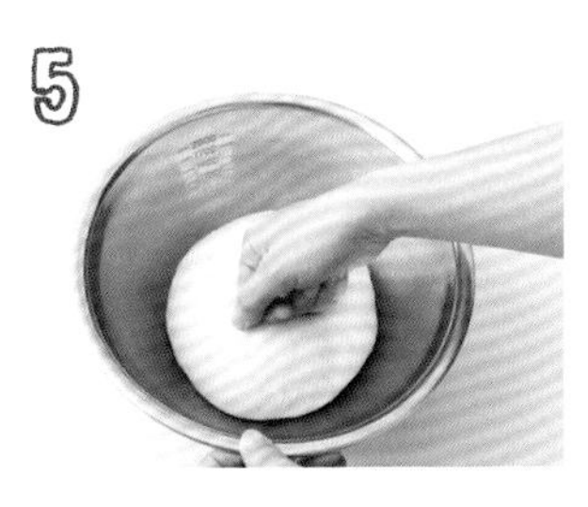

用手轻轻挤压面团去除面团中的气体。

6

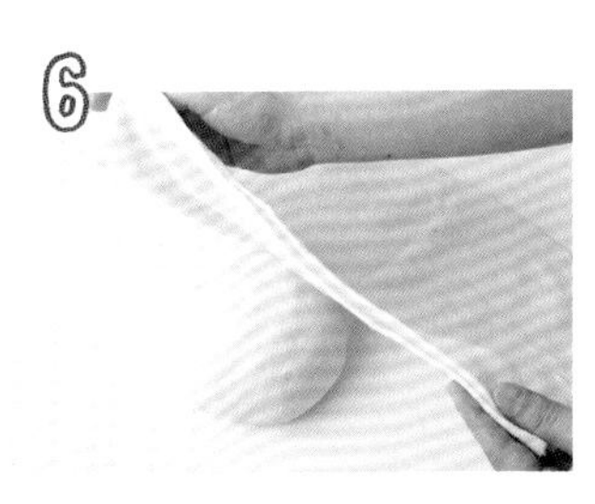

把步骤5盖上湿布静置10分钟。

7

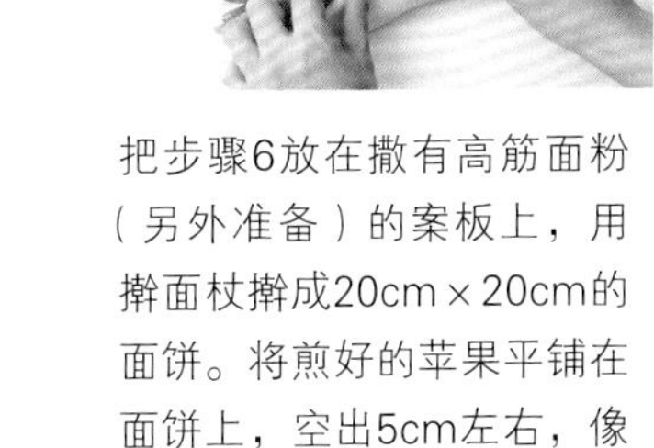

把步骤6放在撒有高筋面粉（另外准备）的案板上，用擀面杖擀成20cm×20cm的面饼。将煎好的苹果平铺在面饼上，空出5cm左右，像卷紫菜卷一样卷起。

8

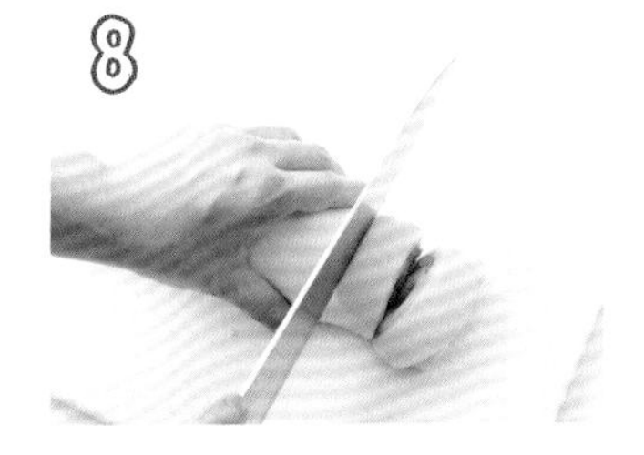

把卷好的边压紧，把边向下切成2cm宽的圆块。

9

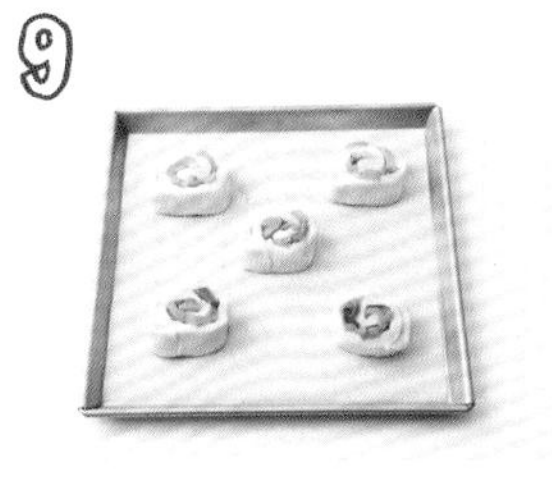

把圆块保持一定间隔摆放在铺有烤箱纸的烤箱板上，烤箱35℃发酵40分钟。

10

烤箱200℃烤大约10分钟，取出，放在蛋糕冷却器上冷却。

11

制作糖霜。把蛋清放到碗中用搅拌器打发，糖粉分数次加入搅拌，充分融合后加入柠檬汁。用裱花嘴将糖霜挤在步骤10上。

苹果甜馅饼

甜馅饼灵活运用了黄油，口感松脆迷人，
同时散发着苹果酱和甜酒的诱人香味。

材料

（约12个直径5cm的馅饼的量）

简易苹果酱（P20） 70g
无盐黄油 140g
细砂糖 60g
蛋黄 2个
甜酒 1大勺
Ⓐ 低筋面粉 150g
Ⓐ 发酵粉 1/2小勺
蛋黄（抛光用） 1个

准备

* 无盐黄油室温下放至变软，把简易苹果酱的果肉捣碎。
* Ⓐ混合后过筛。烤箱板上铺上烤箱纸。
* 烤箱预热到170℃。

1. 把无盐黄油和细砂糖放入碗中用橡皮刮刀搅拌。变丝滑后加入蛋黄、捣碎的果肉搅拌。
2. 在步骤1中加入甜酒搅拌，加入过筛后的Ⓐ揉成面团，包上保鲜膜放在冰箱中冷藏2小时以上。
3. 把步骤2轻轻揉匀，下面铺上两张烤箱纸。用擀面杖擀成2cm厚的面饼，装入模具，带着模具放在烤箱板上。搅匀抛光用的蛋黄，用刷子刷在表面。
4. 烤箱170℃烤大约20分钟，散热后从模具中取出。

point

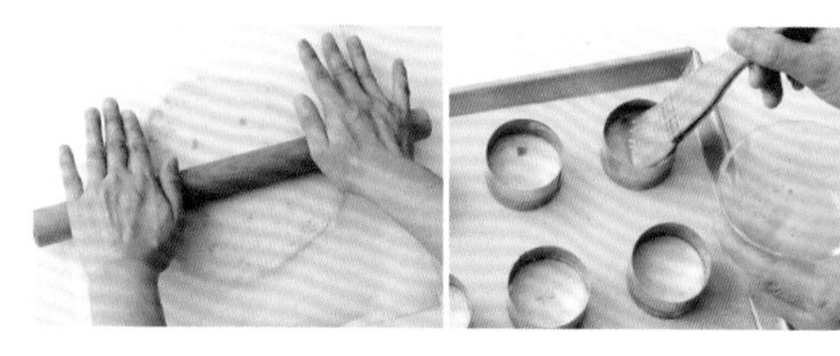

把烤箱纸铺在面团下防止面团粘连。
带着模具烤制使馅饼更加规整、好看。

Part 3

苹果冷甜点

本部分汇总了苹果生奶酪蛋糕、果冻、布丁、冰激淋等极具人气的冷甜点。适合四季尤其是夏季享用。尽情享受苹果的清爽香气和凉爽松软的口感吧

recipe_34

苹果生奶酪蛋糕

底部铺满苹果罐头，上面是松软的芝士，轻柔的口感和樱花色的苹果汁完美契合。

材料

（1个直径15cm圆形模具的量）

苹果罐头（P22）果肉　250g

底部
- 全麦饼干　80g
- 无盐黄油　40g

面团
- 奶油芝士　200g
- 生奶油　50ml
- 明胶粉　5g
- 水　1/2大勺
- 蛋泡糊
  - 蛋清　2个
  - 砂糖　40g

浇汁料
- 苹果罐头果肉　120g
- 苹果罐头煮汁　1/2大勺
- 苹果白兰地（P4）　1/2大勺

薄荷　适量

准备

* 奶油芝士室温下放至变软。
* 明胶粉放到水中浸泡。
* 用于制作底部的全麦饼干按照P41的要领放到厚塑料袋中用擀面杖压碎，加入用水浴融化的黄油混合，铺在模具里。
* 把250g苹果罐头果肉中的水分去除。
* 蛋清使用前放在冰箱中冷藏。

1

把苹果罐头果肉铺在模具中。

2

把奶油芝士放到碗中用橡皮刮刀搅拌，变丝滑后加入生奶油搅拌。

3

把一部分步骤2（3大勺）放到装有明胶粉的碗里，碗底部放到热水里（水浴）。

4

明胶粉从水中取出拌匀，加到步骤2里用搅拌器搅拌混合。

5

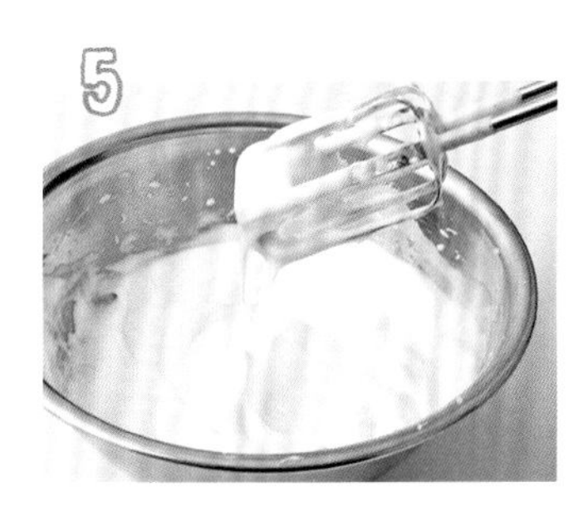

按照P13的要领把砂糖加到蛋清里打发至硬性发泡，制成蛋泡糊。

6

把1/3的步骤5加到步骤4里用搅拌机搅拌。搅拌后加入剩余的蛋泡糊，用橡皮刮刀搅拌。

7

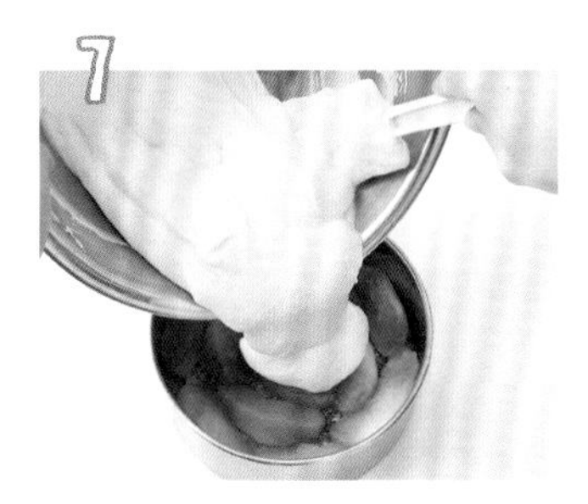

把步骤6加到步骤1里，放到旋转台上把表面弄平。

8

把调色刀放在表面边转动旋转台边刮出旋涡状纹路，放入冰箱冷藏2小时凝固。

9

把温热的毛巾或湿布围住模具，将模具去除。

★切成个人喜好的大小装在盘子里，浇上用搅拌器搅拌过的浇汁料，用薄荷装饰。

recipe_35

蜂蜜苹果果冻

散发着蜂蜜自然香气的苹果果冻，加入柠檬汁、樱桃白兰地后风味更佳独特哦！

材料

（4个容量180ml的玻璃杯的量）

苹果（果肉） 100g
水 450ml
蜂蜜 70g
明胶粉 10g
水 3大勺
Ⓐ 柠檬汁 1/2个
Ⓐ 樱桃白兰地 1大勺
柠檬的银杏形切片、柠檬皮 适量

准备

* 苹果竖切成8块去核，切成5mm厚的苹果片。

1. 把苹果片、200ml水、蜂蜜加到锅里开大火。煮沸后转为小火，盖盖煮约20分钟，放置一晚。
2. 把明胶粉撒入3大勺水中浸泡。把剩余的水加入步骤1中煮沸，关火后加入明胶粉，使其溶化。
3. 把步骤2倒到碗中，把碗底放到冰水中，用橡皮刮刀搅拌。散热后加入Ⓐ搅拌、冷却。
4. 呈糊状后，等量倒到玻璃杯中。放到冰箱中冷藏约1小时，用柠檬装饰。

苹果片和水、蜂蜜煮沸后放置一晚，充分散发苹果的香气。

关火后加入明胶粉，使其溶化。

recipe-36

苹果慕斯

在浆状的苹果和百分之百纯苹果汁中加入苹果白兰地制作出纯正的苹果慕斯。

材料

（1个容量800ml的密闭容器的量）

A
- 苹果罐头（P22）果肉250g
- 苹果罐头煮汁　50ml

苹果汁（纯果汁100%）100ml
砂糖　40g
明胶板　10g
苹果白兰地（P4）1大勺
生奶油　200ml
香叶芹　适量

准备

* 把A用搅拌器搅拌至浆状。生奶油打发放入冰箱中冷藏。
* 明胶板用充足的水（另外准备）浸泡。

1. 把苹果汁和砂糖放到锅中，开火煮沸后关火，加入沥干水分的明胶板将其溶化。
2. 把步骤1通过滤茶器转移到碗中，把浆状苹果罐头加入搅拌。
3. 把碗底部放到冰水中，用橡皮刮刀搅拌，散热后加入苹果白兰地搅拌后冷却。
4. 成糊状后，取1/3加到装有生奶油的碗里搅拌。再倒入步骤3中的碗里搅拌后倒入密闭容器中放入冰箱冷藏约2小时。取出后装到器皿中，用香叶芹装饰。

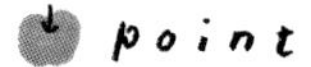

做一大盒装到密闭容器中，使用时用勺子挖出装到盘子里，非常适合用来招待客人哦。

recipe_37

苹果焦糖布丁

在含有香草豆的浓香蛋奶羹里加入新鲜的苹果块，焦糖的香气和苹果的清脆口感让人欲罢不能，回味无穷。

材 料

（3个直径9cm的焙盘的量）

苹果（果肉） 60g

A
- 生奶油 200ml
- 牛奶 60ml
- 香草豆 1/4根

蛋黄 2个

砂糖 25g

细砂糖 适量

准 备

* 苹果去皮去核，切成1～2cm的小块。
* 按照P11的要领把香草豆从豆荚中取出。

把A用锅加热至即将沸腾，把蛋黄和砂糖用搅拌器打发至发白，把A慢慢倒入搅拌。

用滤茶器过滤使其变得丝滑。

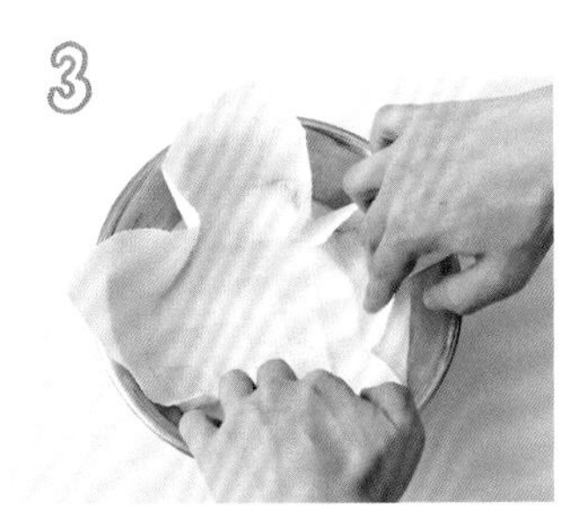

表面盖上纸巾，去除泡沫。

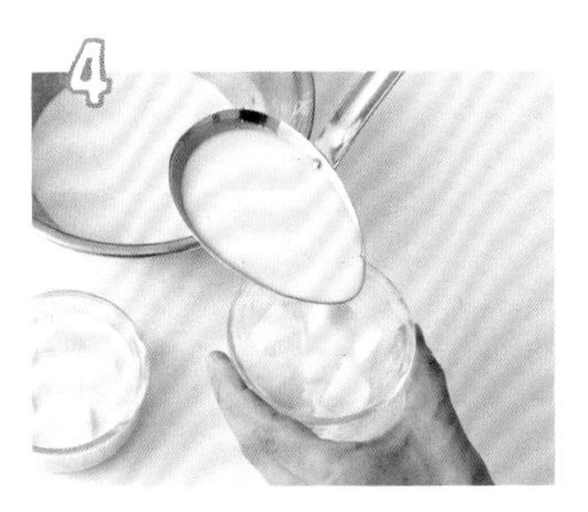

把等量苹果块放到模具中，然后注入步骤3。

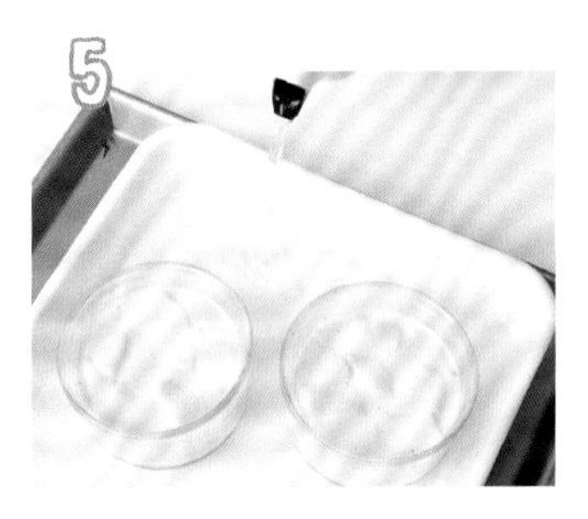

把托盘放在烤箱板上，把步骤4摆好，在托盘中注入1/3的热水，烤箱150℃烤20～25分钟。

冷却后撒上细砂糖，用喷枪烤制焦糖状。

★为防止烧焦桌子，请在烤箱板上制作。

recipe-38

苹果提拉米苏

制作人气爆棚的提拉米苏。把红酒煮的苹果、含有甘露的咖啡糖浆、口感醇厚的马斯卡彭芝士做成层状，是充满成熟韵味的杯子甜点。

材料

（4个容量120ml的玻璃杯的量）

红酒煮苹果（P18） 120g

- 蛋黄　1个
- 细砂糖　30g

马斯卡彭芝士　100g

生奶油　120ml

手指饼干　20g

糖浆料
- 速溶咖啡　1/2大勺
- 砂糖　1大勺
- 热水　2大勺
- 甘露　1大勺

可可粉　适量

马斯卡彭芝士

脂肪含量80％以上的新鲜芝士。虽然有泡沫，但是酸味和盐分少，经常用来做甜点。

甘露

以阿拉比卡咖啡豆和甘蔗作为主要原料，并加入焦糖和香草豆制作而成的咖啡甜酒。“甘露”这一名称来自阿拉伯语中的“咖啡”一词。

准备

* 按照P18的要领制作红酒煮苹果，备足用量。
* 生奶油打发至七成后放入冰箱冷藏。
* 用热水将速溶咖啡和砂糖溶解，冷却后加入甘露制作糖浆。

1

把蛋黄和细砂糖放到碗中，用搅拌器搅拌。

2

变白后放入马斯卡彭芝士充分搅拌。

3

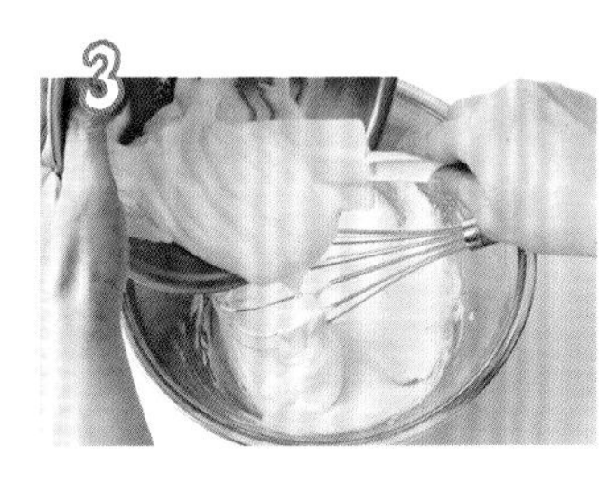

把打发至七成的生奶油加到步骤2中搅拌。

4

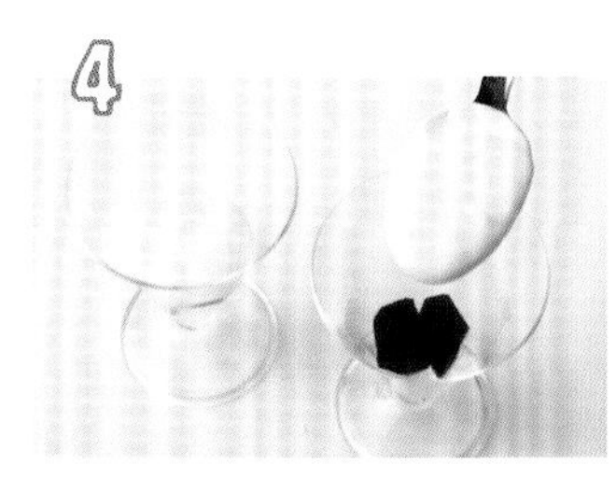

把一半去除水分的红酒煮苹果等分后放入玻璃杯，放入适量的步骤3。

5

把切成合适大小的手指饼干放入步骤4中，用刷子把糖浆涂在上面。

6

把剩下的红酒煮苹果等分后放入玻璃杯，加入剩余的步骤3后放到冰箱中冷藏1小时以上。

7

用滤茶器撒上可可粉。

recipe_39

苹果酸奶布丁

使用苹果罐头制作牛奶布丁。
加入满满的纯酸奶，散发着清新的香甜。

材料

（6个容量100ml果冻模型的量）

Ⓐ
- 苹果罐头（P22）果肉 150g
- 纯酸奶 200g

Ⓑ
- 牛奶 200ml
- 砂糖 30g

- 明胶粉 8g
- 水 2大勺

准备

*将明胶粉放到准备的水中浸泡。

1 把Ⓐ用搅拌器搅拌至丝滑。

2 把Ⓑ放到锅里，开火，即将沸腾前关火加入明胶粉搅拌，将其溶化。

3 把步骤2通过滤茶器倒到碗中，把碗底放到冰水中用橡皮刮刀边搅拌边冷却。

4 散热后，把步骤1加入搅拌冷却。

5 变成糊状后等量倒入模具中，冰箱中冷藏约1个小时。取出，用温水浸泡模具外围后从模具中取出装盘。

point

把苹果罐头果肉和纯酸奶用搅拌器搅拌，成浆状后与牛奶明胶液混合。稍微成糊状后倒到模具中。

recipe-40

苹果奶茶布丁

用百分之百纯牛奶煮成奶茶，加入捣碎的苹果做成香甜的布丁。

材料

（5个容量90ml的果冻模具的量）

苹果（果肉） 100g

Ⓐ
- 牛奶 300ml
- 砂糖 30g

红茶茶叶（大吉岭） 1/2大勺

明胶板 8g

苹果白兰地（P4） 1/2大勺

准备

* 把明胶板浸泡在足量的凉水（另外准备）中。
* 苹果去皮去核，捣碎后备用。

1. 把Ⓐ加到锅里开火，即将沸腾时加入红茶茶叶搅拌，盖盖煮10分钟左右。
2. 把除去水分的明胶板加到步骤1中，混合溶化。
3. 把步骤2通过滤茶器转移到碗中（把茶叶中的水分压出），把碗底放到冰水中用橡皮刮刀边搅拌边冷却。
4. 散热后加入苹果碎和苹果白兰地搅拌后冷却。
5. 变成糊状后等量倒入模具中，冰箱中冷藏约1个小时。取出，用温水浸泡模具外围后从模具中取出装盘。

将红茶茶叶加到热牛奶中后，为了使红茶的香味更浓郁，要盖上锅盖煮一会儿哦。

要把苹果捣碎至和布丁液完全混合。

recipe-41

苹果果子露

如果做了很多苹果罐头的话，让我们尝试一下制作苹果果子露吧。
清爽的口感最适合用作餐后甜点啦！

材料（易于制作的量）

苹果罐头
- 苹果　2～3个（果肉400g）
- 细砂糖　200g
- 柠檬　1/2个
- 水　600ml

薄荷　适量

1. 根据P22的要领制作苹果罐头。散热后，柠檬和苹果去皮放入保鲜袋放到冰箱中。
2. 变硬后切成适当大小放到搅拌机中搅拌至丝滑。放到密闭容器中再次冷冻。
3. 用冰激凌勺取适量步骤2装到容器中，用薄荷装饰。

point

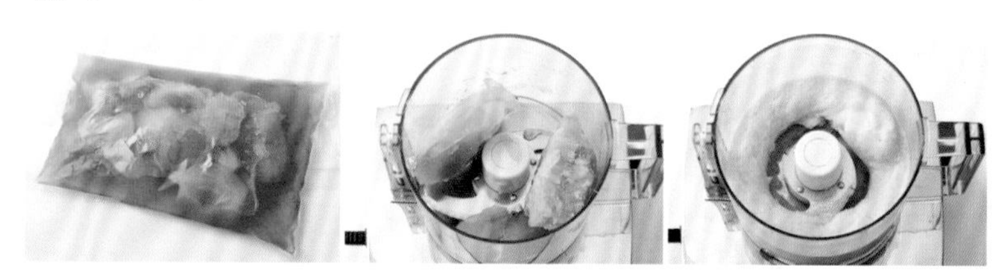

苹果罐头冷冻后用搅拌机搅拌，搅拌后再次冷冻就完成啦。

recipe - 42

苹果冰激凌

使用炼乳制作，口感温和，同时具有苹果、香草豆和白兰地的醇香。

材 料（易于制作的量）

苹果（果肉） 150g
蛋黄 4个
砂糖 60g
牛奶 350ml
香草豆 1/4根
炼乳 50g
Ⓐ 生奶油 100ml
Ⓐ 苹果白兰地（P4） 1大勺
香叶芹 适量

准 备

* 苹果去核备足分量，带皮捣碎。
* 按照P11的要领把香草豆从豆荚中取出。

1. 把蛋黄和砂糖放到碗中用搅拌器充分搅拌，加入40～50ml牛奶搅拌。
2. 把剩下的牛奶、香草豆、炼乳加到锅里，开火，即将沸腾前关火，一点一点加到步骤1中充分混合。
3. 把步骤2倒入锅中，边用木勺搅拌边开小火加热，呈糊状能用木勺划出痕迹后关火，把碗底部放到冰水中冷却。
4. 把Ⓐ和苹果碎加到步骤3中混合，放到冰箱中冷藏。1～2小时变硬后将边缘部分和中间部分用搅拌机搅拌，反复操作数次变成冰激凌状后放到密闭容器中冷藏。用冰激凌勺取适量装到容器中，用香叶芹装饰。

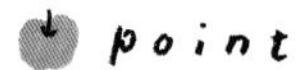

变硬后用搅拌机反复搅拌使空气进入，营造丝滑口感。

recipe - 43

苹果糯米汤圆

加入苹果碎制成多汁的糯米汤圆，洒上苹果酒，
口感清凉的甜点就大功告成啦！

材 料（4人份）

苹果（果肉） 100g
糯米粉 100g
蓝莓 20粒
覆盆子 10～12粒
苹果酒 适量
薄荷 适量

准 备

*苹果去核，带皮捣碎，
备足用量。

1 把糯米粉和苹果碎放到碗中，捣碎搅拌至耳垂似的硬度。

2 把步骤1弄成一个个一口大小的丸子，稍稍地按压中央后放到热水中煮。浮起之后再煮大约1分钟后用凉水冷却。

3 沥干水分后装到器皿中，倒入苹果酒，加入蓝莓、覆盆子和薄荷。

point

搅拌苹果碎和糯米粉。水分不够的情况下，边加水（另外准备）边把面团揉至如右图照片中的硬度。

recipe_44

苹果杏仁粥

把用于制作杏仁豆腐的杏仁煮成粥品，
杏仁微微的香脆口感与苹果的酸味是天生绝配哦！

材 料（4人份）

苹果　1个
杏仁　20g
水　500ml
砂糖　20g
蜂蜜　2大勺
葡萄干　40g

准 备

* 杏仁用水（另外准备）浸泡15分钟后用热水煮大约5分钟。

1 苹果竖切成8块去皮去核，再将苹果3等分。

2 把所有材料加到锅里，开火。煮沸后转小火盖盖再煮20分钟左右。

3 把步骤2放到碗中，把碗底放到冰水里冷却后盛到器皿中。

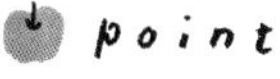

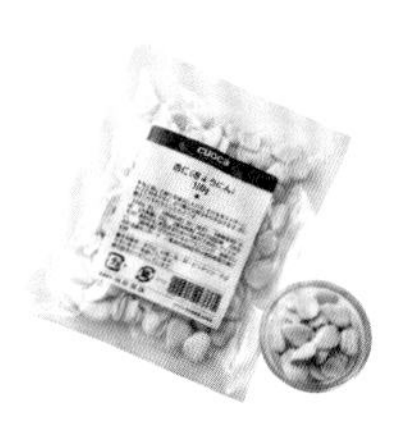

杏仁

杏核中的核仁，有中药用的苦杏仁和食用的甜杏仁（照片）2种。

把杏仁用水浸泡后再煮。

专栏3

苹果零食

苹果蒸蛋糕

把香甜的鲜苹果加到松软的蒸蛋糕里。
用一个碗混合所有材料即可，非常简单哦。

材 料（8个直径5～6cm纸杯的量）

苹果（果肉） 40g
Ⓐ 低筋面粉 70g
Ⓐ 发酵粉 1/2小勺
砂糖 30g
鸡蛋 1个
色拉油 2大勺
牛奶 1大勺

准 备

* 苹果去核备足用量，带皮切块。
* 把Ⓐ混合后过筛。在模具中放入纸杯。

1

把过筛后的Ⓐ放到碗中，把除苹果块之外的其他材料也加入后用搅拌器搅拌。

2

把苹果块加到步骤1中，用橡皮刮刀搅拌。

3

把材料倒入纸杯中，七分满。

4

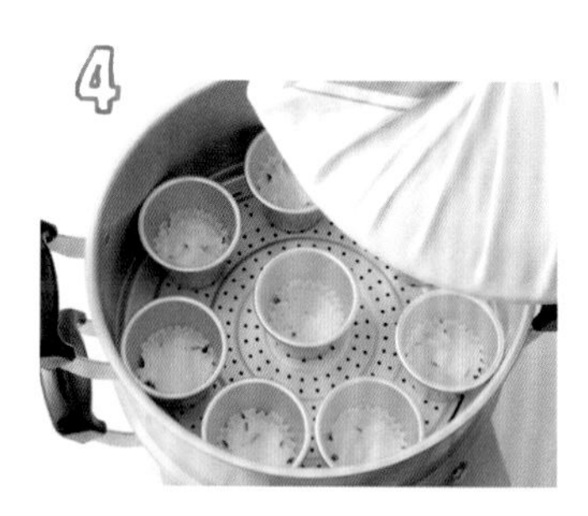

放到能散发蒸汽的蒸锅中大火蒸15分钟后，从模具中取出冷却。

为大家介绍几种让人每天都想吃的苹果小零食。
以令人怀念的苹果蒸蛋糕和苹果糖为代表，
利用手边材料马上就能做好的哦！

糖苹果

亲手制作庙会必备小零食——涂满糖浆的让人怀念的糖苹果。
要使用比普通苹果小巧的苹果哦。

材 料（5～6个的量）

小苹果　5～6个

Ⓐ
- 水　40ml
- 砂糖　200g

准 备

* 把烤箱纸铺在托盘上。
* 把竹签插在小苹果上。

1

把Ⓐ放到锅里，搅拌混合，开中火。

2

砂糖融化后熬至锅的边缘部分变成淡淡的茶色，关火，把小苹果放入蘸满糖浆。

3

放到托盘上冷却。

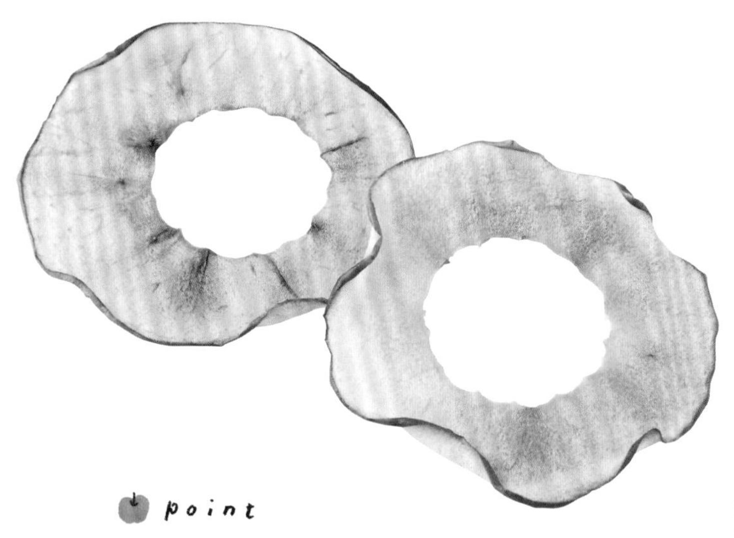

point

苹果切片去核，在糖浆中浸泡是关键哦。

苹果片

把用糖浆浸泡过的薄薄苹果片低温烤制，将食材的香味留在苹果片中。

材 料（易于制作的量）

苹果　1个

Ⓐ 水　350ml
　细砂糖　50g

柠檬汁 1/2大勺

1. 把Ⓐ放到锅中开火，细砂糖溶解后关火。冷却后，加入柠檬汁。
2. 苹果带皮用切片器切成薄片，中间的核按个人喜好挖去，在步骤1中浸泡大约1小时。
3. 沥干步骤2的水分，放在铺有烤箱纸的烤箱板上，用烤箱120℃烤40～50分钟。

苹果风比萨

在苹果上加上入口即化的芝士。
关键要涂上枫叶糖浆哦，
尽情享受咸甜风味吧！

材 料（4～5张的量）

苹果 1/4个　　饺子皮 4～5张
比萨用芝士 30g　　枫叶糖浆 适量

1. 把苹果纵向切成两半去核，带皮切成薄片。
2. 把饺子皮摆在铺有烤箱纸的烤箱板上，把苹果片、比萨用芝士依次放在饺子皮上，用烤箱烤6～7分钟至饺子皮出现焦痕。
3. 食用前涂上枫叶糖浆。

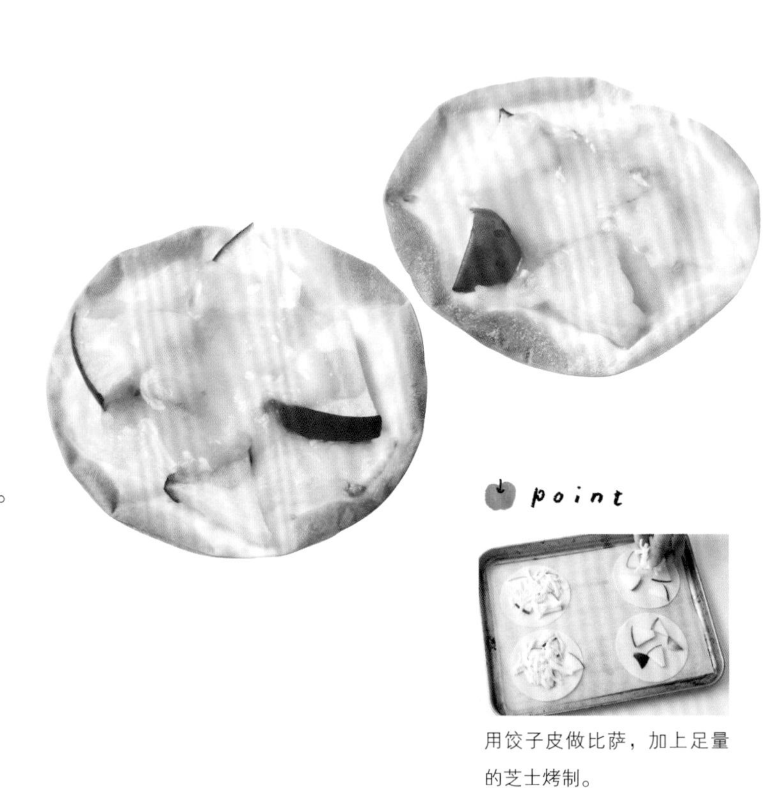

point

用饺子皮做比萨，加上足量的芝士烤制。

苹果软糖

在小孩和女性中极具人气的软糖，加入苹果汁和苹果酱，苹果香气浓郁。

材 料（12个容量约10ml的硅胶杯的量）

简易苹果酱（P20）30g
苹果汁（百分之百纯果汁）120ml
明胶粉 15g

准 备

* 把明胶粉放到60ml苹果汁中浸泡，把简易苹果酱捣碎。

1. 把剩余的苹果汁和浸泡的明胶粉放到锅中，开火。
2. 明胶粉溶化后，加入苹果酱搅拌，等量倒到杯子里。
3. 放到冰箱中冷藏20～30分钟至变硬后从杯子中取出。

point

使用硅胶杯易于把苹果软糖取出。选择小杯子便于下咽。食用时注意安全哟。

苹果条春卷

用春卷皮把产自意大利的戈贡佐拉干酪和鲜苹果条卷起油炸而成。

材 料（10根的量）

苹果（果肉）100g　　春卷皮 5张
戈贡佐拉干酪 50g　　低筋面粉 适量
炸油　适量

1. 苹果去核备足用量，带皮切条。把春卷皮沿对角线切成三角形。
2. 用春卷皮把苹果条和切碎的戈贡佐拉干酪包成棍状。在卷边处涂上用等量水稀释的低筋面粉。
3. 把步骤2用热油炸至黄褐色，沥干油。

point

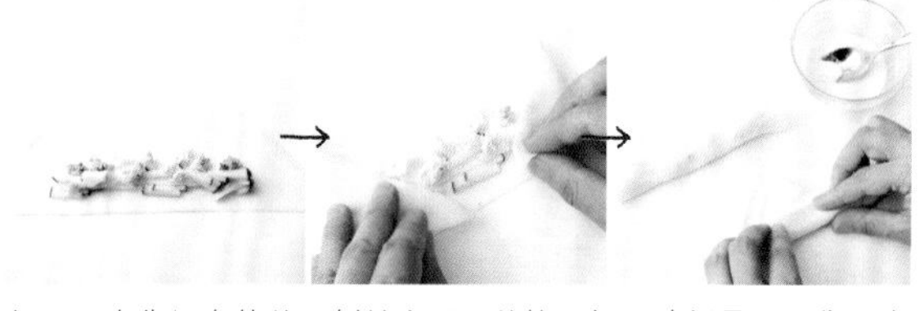

如图，在靠近身体的一侧放上适量的馅，把两端折叠后从靠近身体的一侧把春卷皮卷起。

这是一本用苹果做美味甜点的烘焙教科书。

越来越多的烘焙达人，爱上用苹果做烘焙甜点。

本书介绍了用苹果做的美味甜点，从烤苹果、苹果糖、果酱、蜜饯等可以轻松享受苹果味道的小零食般的甜点，到蛋糕卷、戚风蛋糕、起司蛋糕等花样甜点、派和蛋挞等苹果的常见点心、果冻和布丁等甜点，超级丰富的苹果烘焙食谱！

每道甜点均搭配详细的做法照片、制作诀窍等，即使初学者也能做出美味的苹果甜点。

图书在版编目（CIP）数据

戒不掉的苹果烘焙甜点 /（日）齐藤真纪著；侯天依译．—北京：化学工业出版社，2017.5

ISBN 978-7-122-29074-8

Ⅰ．①戒…　Ⅱ．①齐…　②侯…　Ⅲ．①苹果－烘焙－糕点加工　Ⅳ．①TS213.2

中国版本图书馆 CIP 数据核字（2017）第 029428 号

北京市版权局著作权合同登记号：01-2016-0536

责任编辑：王丹娜　李　娜　　　内文排版：北京八度出版服务机构

责任校对：宋　玮　　　封面设计：周周設計局

出版发行：化学工业出版社（北京市东城区青年湖南街 13 号　邮政编码 100011）

印　　装：北京东方宝隆印刷有限公司

889mm×1194mm　1/16　印张 5　字数 50 千字　2017 年 7 月北京第 1 版第 1 次印刷

购书咨询：010-64518888（传真：010-64519686）　售后服务：010-64518899

网　　址：http://www.cip.com.cn

凡购买本书，如有缺损质量问题，本社销售中心负责调换。

定　　价：49.80 元